TRAITÉ SUR LES VINS DU MÉDOC

ET LES AUTRES

VINS ROUGES ET BLANCS

DU DÉPARTEMENT DE LA GIRONDE.

Bordeaux. — Imprimerie de CRUZEL, rue des Ayres, 28.

TRAITÉ

SUR LES

VINS DU MÉDOC

ET LES AUTRES

VINS ROUGES ET BLANCS

Du Département de la Gironde;

PAR Wm FRANCK.

DEUXIÈME ÉDITION
REVUE, AUGMENTÉE ET ACCOMPAGNÉE D'UNE CARTE ET DE TABLEAUX.

BORDEAUX,
CHAUMAS, LIBRAIRE-ÉDITEUR,
Fossés du Chapeau-Rouge, 34.

1845.

AVIS DE L'ÉDITEUR.

La première édition de cet ouvrage vit le jour en 1824 ; elle fut accueillie avec un vif empressement, elle s'écoula avec une grande rapidité. Depuis long temps, elle manque complètement dans le commerce, et l'on me demandait souvent de la faire réimprimer, en tenant compte de tous les changements survenus depuis l'apparition de ce livre.

M. Franck est en ce moment en Allemagne, mais il m'a donné, de la meilleure grâce, son consentement et son concours pour que son ouvrage fût de nouveau offert au public de façon à mériter de plus en plus l'approbation des juges compétents. J'ai été mis en possession d'une foule de renseignements que j'ai fait contrôler par des personnes en relations intimes et continuelles avec les propriétaires et les commerçants. Des juges d'une autorité imposante et d'une expérience consommée m'ont aidé de leurs lumières, chacun pour la partie qui lui est la plus familière. En utilisant ces communications obligeantes, il est devenu facile de faire, dans les listes de noms de propriétaires, les changements qu'entraine le cours d'une série d'années ; il y a eu moyen de joindre à l'édition de 1824 de nombreuses additions d'une utilité réelle.

Parmi ces développements qui donnent à l'édition actuelle une étendue à peu près double de celle qu'offrait la précédente, je signalerai le chapitre relatif aux vignobles qui produisent les vins blancs, l'appréciation raisonnée du mérite des diverses récoltes qui se sont succédé à partir de 1815, et ce qui concerne les prix payés, lors de telle ou telle année, pour les vins des principaux domaines du Médoc. J'appellerai aussi l'attention de nos lecteurs sur les deux chapitres concernant les expéditions des vins de la Gironde à l'époque de la domination anglaise, au 18me siècle et durant les trente années qui se sont écoulées de 1814 à 1844. Cette partie du livre, rédigée d'après les notes fournies par M. Gustave Brunet, secrétaire général du comité vinicole de la Gironde, présente une foule de faits puisés aux sources officielles et qui n'avaient jamais été réunis en aussi grand nombre, ni avec autant de lucidité. Ces documents sont bien faits pour provoquer un intérêt réel chez toutes les personnes que préoccupe la question du ralentissement graduel des exportations des vins de la Gironde, question d'une importance extrême pour le département et qui, depuis seize ans, donne lieu à des réclamations chaleureuses adressées aux divers pouvoirs de l'état.

Les tableaux détaillés des exportations pendant vingt années forment aussi un travail entièrement neuf et digne d'un examen sérieux.

Il ne faut pas se flatter de venir à bout d'un livre tel que celui-ci en évitant toute erreur de commission ou d'omission. Quelques soins que nous ayons mis à être exacts, nous ne sommes pas certains qu'il ne se soit glissé quelques légères méprises dans l'énumération, commune par commune, des propriétaires actuels, dans l'énonciation des quantités de vins récoltées, année moyenne, sur chaque domaine. Ce sont choses que le temps modifie, et, plusieurs fois, entre des appréciations contradictoires, nous avons dû prendre un moyen terme. Peut-être aussi, l'essai de classement des crûs du Médoc soulèvera-t-il quelques observations; sur ce terrain se montrent bien des prétentions ambitieuses que le commerce n'écoute point. Nous ne prétendons pas donner notre essai comme une loi sans appel, mais nous dirons qu'il a passé sous les yeux de quelques personnes parfaitement au fait de l'état des choses, et qu'il a obtenu leur sanction.

Un travail tel que celui que nous avons entrepris est basé, en grande partie, sur des éléments qui subissent sans cesse l'influence des années ; il a donc besoin d'être rajeuni ou complété après un certain temps ; aussi, avons-nous l'intention de donner plus tard un supplément à ce volume, si l'accueil qu'il obtient nous encourage à persévérer dans notre tâche. Ce supplément renfermera les additions devenues nécessaires, les rectifications dont la justice aura été reconnue, et c'est dans le but de porter notre travail au point le plus rapproché de la perfection qu'il nous sera donné d'atteindre, que nous prions tous ceux de nos lecteurs qui jugeront quelque point de ce livre susceptible d'être complété ou modifié, de vouloir bien nous transmettre leurs observations (fossés du Chapeau-Rouge, n° 34) ; elles seront reçues avec gratitude. Nous n'avons d'autre but que celui de répandre la vérité et de servir à la fois les intérêts de la propriété et ceux du commerce.

Nous avons mis à profit, en quelques circonstances, des renseignements puisés dans des travaux dignes d'estime ; nous avons fait, en les citant, quelques emprunts à un mémoire d'un agronome des plus expérimentés, M. Joubert, à la *Statistique de la Gironde*, de M. Jouannet ; à un journal dont la cessation est regrettable, le *Producteur*, qu'a rédigé durant quatre ans M. Lecoutre de Beauvais.

Une observation est ici nécessaire.

Les prix et les quantités des vins, dans le département, s'énoncent par tonneaux ; c'est la mesure qu'emploie le commerce, c'est d'après elle que se concluent les transactions ; elle brave jusqu'ici le système décimal.

Il convient donc, en faveur des étrangers, d'énoncer bien exactement ce que c'est qu'un tonneau bordelais.

Il se compose de quatre barriques de 228 litres chaque. Il est donc égal à 912 litres.

La barrique bordelaise doit contenir, suivant deux arrêts du parlement de Bordeaux des 28 août 1772 et 21 avril 1773, environ 100 pots si elle est forte, et 108 si elle est faite de bois mince ou de bois refendu. Le jaugeage des barriques se fait sur la mesure de la velte. La velte contenant à peu de chose près 3 pots un tiers, une barrique est dite marchande quand elle contient au moins de 29 à 30 veltes.

Il n'est pas inutile d'indiquer ici les dimensions de la barrique bordelaise conformément aux arrêts précités.

1°. Elle doit se composer au moins de 17 douves.

2°. Sa hauteur doit être de 34 pouces 3 lignes ou 0,927 millimètres.

3°. Sa circonférence extérieure au bouge doit être de 6 pieds 8 pouces 3 lignes ou 2 mètres 172 millimètres.

4°. Sa circonférence extérieure aux deux bouts doit être de 6 pieds ou 1 mètre 949 millimètres.

5°. Le fisteau ou intervalle entre le bout de la douve et le jable (rainure) doit être de 2 pouces 3 lignes ou 0,061 millimètres.

6°. La fonçaille doit avoir 22 pouces 6 lignes de diamètre ou 0,604 millimètres.

La barrique bordelaise de cent pots anciens contenant 228 litres, et deux litres faisant le pot nouveau, il s'ensuit que le pot nouveau est d'un huitième plus petit que l'ancien.

TRAITÉ

SUR

LES VINS DU MÉDOC

ET LES AUTRES

VINS ROUGES ET VINS BLANCS

DU DÉPARTEMENT DE LA GIRONDE.

CHAPITRE PREMIER.

État politique. — Topographie. — Rivières. — Étangs. — Marais. — Coup-d'œil général sur l'agriculture du département. — Terres labourables. — Prés. — Bois-taillis, Châtaigneraies, Oseraies et Aubarèdes. — Landes.

ÉTAT POLITIQUE

DU DÉPARTEMENT DE LA GIRONDE (1)

Le département de la Gironde fait partie de la région sud-ouest de la France. Il s'étend du nord au sud entre le 45° 9' 35" et le 44° 9' 48" de latitude septentrionale, et de l'est à l'ouest entre le 2° 2' 9" et le 3° 35' de longitude occidentale, méridien de Paris. Il est divisé en six arrondissements de sous-préfecture, et en 48 justices de

(1) Ce département tire son nom du fleuve qui reçoit les eaux de la Garonne et de la Dordogne.

129,500 mètres. L'intersection de ces deux lignes se fait sur la ville même de Bordeaux, qui, par conséquent, est à peu près située au centre de surface du département.

L'extrémité nord du département est formée par le cap, vulgairement appelé la *pointe de Graves*, qui termine la rive gauche de la Gironde à son embouchure. Dans cette partie, le département est borné par l'Océan, qui, coupant le méridien sur un angle de 4 à 5 degrés environ de l'est à l'ouest, forme à peu près une ligne droite. Cette ligne, depuis le cap de Graves jusqu'au département des Landes, a 12 myriamètres et demi de longueur.

L'extrémité du département, vers le sud, est à l'angle littoral et frontière au-dessous de la Teste; la partie la plus avancée vers l'est, se trouve dans la commune de Saint-Pierre-d'Eyrand sur le bord de la Dordogne. La Gironde, prise en ligne droite de Lesparre jusqu'à la pointe de Graves, sépare le département de la Gironde de celui de la Charente-Inférieure.

La superficie du département, d'après un tableau officiel publié en 1834, est de 975 101 hectares. Sa population, constatée par le recensement effectué au 1er janvier 1841, est de 554,280. Dans la période décennale qui s'étend de 1832 à 1842 l'on a compté 145,487 naissances, 126,345 décès, 44,327 mariages.

Le département n'est coupé par aucune chaîne, et le sol est généralement peu montueux : aussi les produits minéralogiques y sont-ils sans importance; nulle mine n'y est en exploitation; mais de nombreuses carrières, notamment pour l'extraction des matériaux de construction y sont ouvertes. On y trouve aussi des sables facilement vitrifiables et des terres à poteries qui deviennent aujourd'hui l'objet d'une exploitation intéressante.

La Gironde possède soixante-douze forges et fourneaux où se traite le fer extrait des départements voisins. On retire du sol une assez grande quantité de tourbe de bonne qualité, et environ 12 à 1,500 hectolitres de sel de quelques marais salants, situés vers l'extrémité de la presqu'île de Médoc, formée par la Gironde et l'Océan. On ne trouve dans le département aucun établissement d'eaux minérales ; toutefois on a découvert dans l'arrondissement de Blaye une source ferrugineuse. La valeur créée par les diverses branches de l'industrie minérale était officiellement portée en 1835, à environ 4 millions et demi.

Le climat est généralement doux et tempéré; rarement, en hiver, le thermomètre descend ou se soutient au-dessous de zéro; dans l'été, il s'élève à 20 et 25°; les vents soufflent le plus ordinairement du sud-ouest et du nord-ouest. Les orages sont fréquents, mais ils ne changent que rarement la température. Les miasmes qui s'exhalent des parties marécageuses exposées à un soleil ardent altèrent seuls, quoique d'une manière locale, la salubrité de cette contrée, l'une des plus favorisées de la France, et qui, du moins d'après de récentes recherches statistiques, figure parmi celles où se trouvent le plus de longévités.

Le département de la Gironde, considéré avec raison comme un des plus riches, d'après la réputation de ses vins, et l'étendue du commerce de ses villes principales, est peut-être celui qui présente la plus grande quantité de terres arides et impropres à toute espèce de culture. En effet, la moitié environ de sa surface est occupée par des Landes, qui présentent l'aspect le plus inculte et le plus sauvage. Avant de donner des renseignements sur l'agriculture, il est nécessaire de parler des rivières qui l'arrosent et des avantages qu'il en retire, avantages si grands que, sans eux, cette portion de la France serait peut-être la plus misérable.

RIVIÈRES.

Les portions fertiles de ce département doivent principalement leur beauté aux eaux qui l'arrosent et le parcourent en tout sens. En effet, peu de départements sont favorisés d'un aussi grand nombre de rivières. La nature, si avare pour quelques-unes des parties qui le composent, semble avoir voulu le dédommager sur cet article. Nous avons déjà dit qu'après la réunion de la Gironde et la Dordogne, au Bec-d'Ambès, à deux myriamètres et demi au-dessous de Bordeaux, le fleuve prenait le nom de la Gironde; son embouchure est éclairée par le phare de Cordouan (1). Depuis le Bec-d'Ambès, la direction du fleuve se porte au nord-ouest, et sa longueur, depuis le Bec-d'Ambès jusqu'à la tour de Cordouan, est de 8 myriamètres.

La Garonne partage la superficie du département en

---

(1) L'embouchure de la Gironde est obstruée par plusieurs bancs de sable et plusieurs rochers qui en rendent l'entrée très-difficile. Lorsque la mer est irritée, les pilotes de Royan ne peuvent point aller au secours des navires qui se présentent pour entrer; ainsi, lorsqu'ils sont engagés au milieu de ces écueils pendant une tempête, ils demeurent exposés aux plus grands périls. Au milieu de tous ces écueils est le phare ou tour de *Cordouan*, établi sur un plateau de rocher à 5,500 mètres de la côte du Médoc, et à 8,000 mètres de la côte de la Charente-Inférieure. En 1584, Louis de Foix, architecte et ingénieur du Roi, commença à jeter les fondements de cette tour, auprès d'une plus ancienne qui tombait en ruines. Cette construction se fit aux frais de la province de Guienne. La tour de Cordouan est située à 7 myriamètres et demi de Blaye et 11 myriamètres et demi de Bordeaux;

deux parties à peu près égales. Elle est navigable dans toute l'étendue du département et elle communique à la Méditerranée par le canal du Midi. Elle réunit dans son cours depuis les Pyrénées, le Lot, le Tarn, l'Aveyron et l'Arriège.

La Dordogne prend sa source au Mont-d'Or ; elle traverse les départements du Cantal, de la Corrèze et de la Dordogne ; sa largeur est de 200 mètres à son entrée dans le département, de 280 devant Libourne, et de 1000 à son embouchure.

Après ce fleuve et ces deux rivières on doit compter :

1° L'Ille, qui prend sa source dans le département de la Haute-Vienne ; d'importants travaux l'ont rendue navigable depuis Périgueux jusqu'à Libourne, où elle se réunit à la Dordogne. Elle parcourt dans le département près de 32,000 mètres.

2° La Drôme, qui a son confluent avec l'Ille à Coutras, et qui, venant de la Haute-Vienne, traverse les départements de la Charente et de la Dordogne. Elle a été rendue navigable jusqu'à la Roche-Chalais, département de la Dordogne.

3° Le Drot, qui prend sa source dans le département de la Dordogne, entre dans le Lot-et-Garonne, traverse tout l'espace renfermé dans l'angle formé par la Dordogne et

---

elle fut construite sous le règne de Henri III et réparée sous celui de Henri IV; elle le fut aussi sous Louis XIV et sous Louis XVI qui la fit exhausser de 20 mètres. Pendant le jour, étant dans une chaloupe, à un mètre au-dessus de la surface de la mer, on aperçoit le sommet de Cordouan dans l'horizon, d'une distance de 5 lieues marines. La nuit, le feu se reconnaît à une distance de 37 à 38 kilomètres. Un appareil formé de verres lenticulaires de la plus puissante dimension, présente huit éclats et huit éclipses pendant une révolution dont la durée est de huit minutes.

la Garonne, et se réunit à cette dernière entre Gironde et Casseuil, après un cours de 27,000 mètres dans le département. Un système ingénieux d'écluses l'a rendu navigable depuis son embouchure jusqu'à Eymet, sur un parcours de 88,000 mètres.

4° Le Ciron, qui a sa source dans le Condomois et qui se réunit à la Garonne, entre Preignac et Barsac, après avoir traversé une partie des Landes et après un cours de 70,000 mètres.

5° Le Moron, qui prend sa source près des confins du département et qui se jette dans la Dordogne, commune de Marcamps, après un cours d'environ 2 myriamètres et demi.

6° Enfin la petite rivière de Leyre; elle reçoit les eaux des Landes et les porte dans le bassin d'Arcachon, qui forme un détroit vers la partie ouest du département et qui communique à la mer. Ce détroit, mesuré de l'est à l'ouest, a 2 myriamètres environ d'étendue dans les terres. Sa plus grande longueur du sud au nord est de 12 kilomètres. Cette dimension est prise sur la superficie du bassin à mer haute. A mer basse, une grande partie de cette baie demeure à découvert. Sans les eaux que fournissent les Landes, le bassin serait indubitablement comblé par les sables que la mer jette sur ces côtes à chaque reflux; mais lorsqu'elle s'est retirée, les courants que ces eaux occasionent entraînent avec eux les dépôts que la mer a laissés, et rétablissent ainsi les dégradations que les sables y feraient.

Le bassin d'Arcachon est le seul refuge que le navigateur poussé par les tempêtes trouve sur ces côtes inhospitalières. Le détroit qui le met en communication avec l'Océan est partagé en deux passes par l'île du

Matelot. Cette île était autrefois assez élevée pour qu'on y bâtit des habitations, et que l'on y formât des pâturages. Depuis quelques années les grandes marées ont tout détruit, et cette île ne présente plus que l'aspect d'un banc de sable aride et désert, que la mer couvre et abandonne à chaque reflux. Des deux passes que forme l'île du *Matelot*, celle du nord est bornée, d'un côté, par cette île, et de l'autre, par le cap Ferret. La passe du sud est appuyée à l'est sur les dunes, vis-à-vis le fort Cantin, que l'on a construit pour défendre le passage contre les ennemis, en temps de guerre. L'entrée du bassin, toujours difficile, devient extrêmement dangereuse dans les gros temps.

ÉTANGS.

Les étangs qui se trouvent dans le département sont en petit nombre. Les seuls qui méritent d'être cités, sont ceux qui terminent les Landes du côté des dunes.

Le plus considérable est l'étang d'Hourtin et de Carcans; son extrémité nord est à 4 myriamètres de distance de la pointe de Graves; sa longueur, de 15 à 16 kilomètres sur 4 et demi de largeur. Il est situé dans l'arrondissement de Lesparre.

Le deuxième est l'étang de Lacanaux à 6 kilomètres environ de la pointe de Graves au sud du premier. Il a 9 kilomètres de longueur sur 3 de largeur. La commune où il est situé lui a donné son nom. Il fait partie de l'arrondissement de Bordeaux. Il y a encore entre lui et le bassin d'Arcachon une chaîne de petits étangs, qui ont à peu près 1 kilomètre de surface.

Ces étangs sont le réceptacle des eaux des Landes, qui s'y jettent naturellement en suivant la pente du terrain, et qui ne peuvent se rendre directement à la mer à cause des dunes qui les en séparent, et dont l'élévation nuit à l'écoulement des eaux. Ils communiquent tous ensemble par des fossés ou ruisseaux que l'abondance et les cours naturels des eaux ont creusés ; et un chenal, fort important pour l'assainissement du pays, les relie au bassin d'Arcachon, seul passage par où les eaux s'écoulent lorsqu'elles sont arrivées à un certain degré d'élévation.

MARAIS.

La Gironde, comme toutes les rivières et principalement celles qui se jettent dans l'Océan, est bordée des deux côtés par des marais dont le sol se trouve plus ou moins au-dessous des hautes marées. Leur étendue est si considérable, qu'ils occupent depuis le côté ouest de Bordeaux jusqu'à l'embouchure de la Gironde. On évalue à 42,000 hectares la superficie des marais du département qui bordent les rivières de Garonne, Dordogne et Gironde, jusqu'à la mer; plusieurs de ces marais s'étendent à 9 et 10 kilomètres dans les terres. La ville de Bordeaux fut jadis entourée de bassins à fonds tourbeux dont les exhalaisons causèrent à maintes reprises des épidémies meurtrières; ils ont été desséchés ou assainis.

COUP-D'OEIL GÉNÉRAL SUR L'AGRICULTURE
DU DÉPARTEMENT.

Si le département de la Gironde doit au grand nombre de rivières qui le parcourent sa plus grande prospérité, si les relations qu'elles lui procurent sont la source de ses richesses, il leur doit aussi sa principale beauté.

Les bords de ses principales rivières forment le tableau le plus agréable et le plus champêtre. La portion du département, située entre la Garonne et la Dordogne, est appelée *Entre-deux-Mers*. C'est la partie la plus fertile, et celle dont un mode d'agriculture bien dirigé pourrait tirer un plus grand parti.

D'après les renseignements contenus dans la statistique agricole de la France publié par M. le ministre de l'agriculture et du commerce (1841), l'étendue des cultures dans le département embrasse 910,283 hectares; nous allons en faire connaître la répartition et en spécifier les produits :

	Hectares.	*Produits.*	*Consommation.*	*Prix moyen*	
Froment	71,462	735,358 h.	1,208,621 h.	17 fr	05 c.
Seigle	36,611	365,490	371,193	11	85
Orge	297	3,115	28,155	9	55
Avoine	5,456	71,118	114,999	7	45
Maïs et millet	17,948	143,501	137,207	9	55
Vignes { Vins	103,512	2,020,236	950,902	18	45
Vignes { Eau-de-vie	»	22,221	4,660	60	»
Pommes de terre	14,436	569,475	528,581	2	10
Légumes secs	7,188	63,805	98,340	15	35
Jardins	5,367	»	»	»	»
Jachères	72,408	»	»	»	»
Landes, dunes, bruyères	366,814	»	»	»	»
Prairies naturelles	54,112	1,259,481 qx m.	»	»	»
— artificielles	5,944	140,688	»	»	»
Bois de l'Etat	4,184	14,825 stères.	»	»	»
— des communes et des particuliers	124,823	549,768	»	»	»
Châtaigneraies	27,466	»	»	»	»
Vergers, Pépinières, oseraies	13,723	»	»	»	»

On voit ainsi que plus du dixième du département est planté en vignes. (1)

(1) D'après les tableaux statistiques mis au jour par le ministère,

Le département possédait :

112,892 têtes de bêtes à cornes (2,169 taureaux, 36,566 bœufs, 51,661 vaches, 22,496 veaux).

419,257 têtes de bêtes à laine (7,229 béliers, 53,821 moutons, 273,682 brebis, 83,825 agneaux).

15,408 chevaux, 7,643 juments, 2,226 poulains.

2,048 mules et mulets, 9,433 ânes et ânesses.

64,000 porcs, 6,660 chèvres.

La réputation des vins que produit le département de la Gironde, donnerait lieu de croire que cette partie de l'agriculture est des mieux entendues. Elle l'est sans doute; cependant elle est encore bien éloignée du point où elle devrait être portée. Le Médoc, les Graves et quelques autres crûs, produisent, en effet, des vins qui peuvent entrer en concurrence avec les meilleurs vins du

---

les récoltes en vins, année commune, s'élèvent :

DANS l'arrondissement.							Consommé sur les lieux :	
	de Blaye......	à 281,170	hect.	ou 32,000	tonn.		54,789	hect.
	Libourne.	555,154	»	63,000	»		268,988	»
	La Réole.	200,945	»	23,000	»		148,281	»
	Bazas.....	55,651	»	10,000	»		36,118	»
	Bordeaux.	798,427	»	92,000	»		397,824	»
	Lesparc...	128,889	»	16,000	»		44,904	»
		2,020,236	h. fais[t].	236,000	tonn.		950,902	hect.

Ces deux millions d'hectolitres, par le tirage, l'ouillage, l'évaporation et les autres accidents, peuvent se réduire d'un cinquième; il reste donc environ 1,600,000 hectolitres, toutes déductions faites. Les frais de culture de ces 2,000,000 hectolitres, récoltés sur une surface de 103,000 hectares, montent à la somme de 45,000,000 et quelquefois à beaucoup plus. Dans cette proportion, les frais de culture s'élèveraient à 437 fr. par hectare et à 149 fr. 85 c. par journal bordelais de 32 ares. Ces 32 ares produisent 584 litres (2 barriques 56 pots). Les 912 litres (un tonneau) coûtent 174 fr. frais de culture.

Il va sans dire que nous ne présentons ici que des résultats généraux donnés par les moyennes d'un grand nombre d'années diverses et de localités variées.

monde : mais l'étendue de ces premiers crûs n'a aucune proportion avec les autres surfaces où la vigne est cultivée, et qui produisent des boissons très-inférieures.

La culture des vignes dans le département est tellement importante, qu'il est à propos de faire connaître le nombre de bras employés à leur culture, et celui des propriétaires : on compte douze à quatorze mille familles propriétaires de vignes.

Avant la révolution, le nombre de celles qu'on employait à leur culture, s'élevait à 8,000. Les besoins de la guerre et la conscription, avaient, durant des époques désastreuses pour le commerce girondin réduit ce nombre à 5,000.

TERRES LABOURABLES.

Si la culture de la vigne, malgré l'importance dont elle est pour ce département, n'est pas aussi bien dirigée qu'on devrait l'espérer, celle des terres labourables l'est infiniment moins.

Sur 140 mille hectares de terres labourables, il n'y a guères que 35,000 hectares de terres fortes, situées dans cette partie du précieux terrain qu'on appelle *Palus ;* le reste est en terres légères, maigres ou sablonneuses. On évalue les produits, distraction faite du grain nécessaire pour la semence, à 950,000 hectolitres, tant en blé-froment que seigle. Cette quantité suffit tout au plus à la moitié de la population. On peut estimer les importations qui se font dans le département, à 800,000 hectolitres ; cet énorme déficit doit être attribué à la destination qu'on a donnée à la plus grande partie des Palus.

Si ce sol, profond, inépuisable, et dont la qualité l'emporte peut-être sur les meilleures terres de France, était un jour entièrement consacré à la culture du blé, il serait sans doute nécessaire de faire des saignées au terrain, de donner de la pente aux eaux, d'entretenir avec soin les fossés et les canaux; mais aussi on obtiendrait des récoltes doubles peut-être, puisque le produit des grains dans les Palus, est de neuf à dix pour un, tandis que dans les autres terres il ne s'élève guères qu'à quatre.

Les terres sont données, à moitié fruits, à des métayers généralement pauvres. Le propriétaire fournit à l'estimation les bœufs de labour, et quelques troupeaux de bêtes à laine, qui occasionent souvent plus de dégâts qu'elles ne produisent d'engrais.

Les métayers de ce département ne connaissent presque pas l'usage des prairies artificielles; ils ne sèment que très-peu de légumes et de blés d'Espagne. Un préjugé, dont on ignore l'origine, les a empêchés, pendant long-temps, de cultiver la pomme de terre ou patate, à laquelle ils attribuaient la propriété d'occasioner des attaques d'épilepsie. Ce n'est que depuis la révolution qu'ils ont commencé à connaître le prix de cette plante. Ils n'ont aucune idée de la marne et des autres engrais; ils ne connaissent que l'usage du fumier, dont la quantité est des deux tiers au-dessous de ce qu'il faudrait pour tenir les terres dans un bon état.

Les laboureurs se servent d'une charrue aussi simple dans sa composition que parfaite dans ses résultats; ils la conduisent assez bien, et ouvrent assez profondément le sein de la terre; mais tenant à leurs anciens principes, qu'ils ont même négligés, économes de leur temps et de leurs peines, ils connaissent peu l'art d'engraisser la terre par des plantes particulières, et de l'alimenter de sels végétaux en lui arrachant d'utiles produits.

Le labourage des terres à blé se fait par les bœufs (1). On porte le nombre de ces animaux à 50,000 environ; il ne faut pas comprendre, dans cette quantité, ceux destinés à la culture des vignes du Médoc, principalement aux charrois, et ceux qui servent aux traîneaux dans la capitale du département.

On va voir, dans l'article des prairies, que le département est encore grevé d'une importation considérable en fourrages, et qu'il ne produit pas, à beaucoup près, la quantité nécessaire à la consommation des animaux que l'agriculture, le commerce ou le luxe emploient.

PRÉS.

La partie de l'agriculture qui a rapport au labourage en général, n'a pas encore fait assez de progrès dans ce département, pour que les prairies ne se ressentent pas de l'indifférence qu'il a trop long-temps éprouvée pour les produits de la terre. Le génie des habitants, entièrement tourné vers les spéculations commerciales, semblait dédaigner les résultats moins brillants, mais plus certains de l'agriculture. Aussi, lorsque la guerre vint arrêter les sources de cette ambition inquiète et presque générale, le vice de distribution dans l'emploi des terres, et la négligence qu'on avait mise dans leur entretien, ont-ils été plus vivement sentis.

Dans les pays où l'on néglige l'art de créer des prai-

(1) Dans quelques parties de la Lande où le sable a peu de consistance, et où l'on sème du seigle, on se sert de chevaux, de vaches, et même d'ânes. Le travail qu'ils font est si peu considérable, qu'il mérite à peine d'être compté.

ries artificielles, et celui des arrosements et des dessèchements, où l'on ne nourrit le bétail qu'avec du foin, les prairies doivent être estimées plus que toutes les autres terres; leur entretien si simple et moins coûteux, leurs produits moins éventuels en sont la cause. Cependant leur bonification est négligée, et l'on abandonne volontiers à la providence le soin de les améliorer ou de les détruire. Les soins, les travaux, les dépenses se dirigent vers les vignobles et il n'y a qu'un nombre extrêmement restreint de propriétaires du Médoc qui aient voulu prendre la peine de faire niveler leurs prés.

Leur contenance est de 60 mille hectares. Chaque hectare ne donne proportionnellement que 23 à 24 quintaux de foin, qui font un total de 1,400,000 quintaux. Chaque bœuf consommant annuellement 30 quintaux de foin, les 50 mille bœufs employés au labour consomment 1,500,000 quintaux de foin. Si l'on ajoute à cette consommation celle des bœufs qu'occupent la culture des vignes et le commerce, celle des vaches, des chevaux, etc., etc., on se convaincra que le département est obligé de s'approvisionner dans les départements limitrophes. Celui de la Charente-Inférieure fournit la plus grande partie du déficit.

BOIS TAILLIS,

CHATAIGNERAIES, OSERAIES ET AUBARÈDES.

Il n'y a presque plus que des bois-taillis et de pin dans le département. On a détruit pendant la révolution la plus grande partie des bois de haute-futaie. Les beaux chênes qui ombrageaient notre sol ont été abattus, et la plupart se sont pourris sur les lieux même où ils avaient pris naissance. On évalue les coupes annuelles à 8,000 hectares de taillis de chêne; chaque hectare donnant à peu près mille fagots (appelés *faissonnats*) de bois propre à brûler, il en résulte donc 8 millions á peu près de fagots par an. La plus grande partie des bûches de chêne se tire des départements environnants. Le bois, vulgairement appelé *bois de tonneau*, se forme du tronc des arbres que la nécessité ou la cupidité des propriétaires font couper, et des racines qu'on arrache dans les défrichements.

La culture des taillis de châtaigniers est mieux entendue qu'aucune autre dans le département ; leur étendue est portée à 28 mille hectares. Le sol où on les trouve, est généralement léger et sablonneux; mais ce n'est pas le meilleur. On coupe les châtaigniers tous les cinq ans. On en façonne les branches en cercles pour les barriques.

Il serait difficile de fixer d'une manière bien précise la contenance des oseraies ou vimières, sur la surface des aubarèdes. Elles se trouvent principalement sur les bords des fleuves et des îles ou îlots. L'usage et le débit du produit de ces deux parties de l'agriculture sont très-considérables. Le grand osier sert à lier les cercles des barriques; le petit, à attacher la vigne à l'échalas. La coupe des vimières se fait tous les ans.

Les aubarèdes produisent ces grands échalas dont on se sert pour soutenir les rejetons de la vigne. On les emploie principalement dans les Palus, où les jets sont plus longs et plus multipliés. Dans quelques départements, on s'en sert pour les cercles de barriques; mais dans celui de la Gironde, on préfère, avec raison, le châtaignier. Le produit des aubarèdes du département est insuffisant pour la consommation; aussi on en importe une très-grande quantité des départements voisins.

Le prix de l'échalas de saule (ou aubier), et celui du vîme, est monté à un taux si considérable, que beaucoup de propriétaires ont dirigé leurs spéculations vers cette partie. Leur culture exige peu de frais, les produits en sont très-lucratifs, et ils le seraient davantage si l'intempérie des saisons et certains insectes, tels que la larve du hanneton et une espèce de charençon, n'en rendaient la récolte quelquefois précaire.

LANDES.

Cette partie du département, si on voulait la traiter à fond, ferait seule le sujet d'un ouvrage étendu. Elle a donné lieu à des travaux fort remarquables; nous nous bornerons à rappeler le volume mis au jour il y a peu d'années par M. le vicomte de Métivier, *du Défrichement des Landes*, in-8°, Bordeaux, 1839.

Ces solitudes arides méritent de fixer l'attention de l'observateur. En certains endroits, ce sont des forêts de pins d'une étendue prodigieuse ; plus loin, des plaines dont l'œil n'aperçoit point les bornes, et que couvre un sable brûlant aussi mobile que les flots de la mer. Le voyageur qui s'enfonce dans ces solitudes austères et sauvages ne rencontre de loin en loin qu'une ou deux charrettes attelées de bœufs qui marchent avec une mortelle lenteur; il ne voit que quelques chétifs troupeaux de moutons éparpillés dans des pacages sans limites, cherchant une maigre nourriture, et que surveillent des pasteurs aux visages hâves, aux longs cheveux, montés sur de gigantesques échasses, hôtes silencieux de ces lugubres déserts.

Le chêne noir en taillis et le pin maritime prospèrent dans le sable des Landes, mais il se refuse à la culture de toute espèce de grains, si ce n'est à celle du seigle et de quelques espèce de millet.

La première idée qui se présente à l'esprit du voyageur, est que ce pays fut autrefois couvert par la mer, qui chaque jour semble faire de nouveaux efforts pour reprendre son domaine.

Le sable fin qui les couvre en est la preuve la plus forte, et l'on assure qu'autrefois le cours de la Garonne, depuis Langon jusqu'à son embouchure, était, dans sa partie occidentale, plus rapproché de l'Océan.

Autant la nature de cette portion du département diffère des autres, autant le caractère, les mœurs et les usages des habitants des Landes présentent d'opposition avec ceux des autres habitants. On voit, au premier coup-d'œil, que c'est un peuple particulier.

L'habitant des Landes est généralement d'un tempérament maigre et sec, quoique d'ailleurs assez vigoureux (1). Il se couvre de peaux de brebis; il ne met presque jamais de bas : des sabots sont sa chaussure ordinaire; grâce à ses échasses, il traverse sans peine les marais et autres dépôts que forment les eaux pluviales retenues sur la surface des Landes par l'argile ou par l'alios jusqu'au milieu du printemps.

Le Landais est ignorant et superstitieux; sa croyance aux sorciers est tout aussi tenace, tout aussi sincère qu'au seizième siècle. Il montre à l'étranger les endroits où tous

(1) Nous parlons ici en thèse générale; les cultivateurs des Landes qui sont aux environs de Bordeaux, présentent des exceptions; mais si l'on s'enfonçait danscelles qui depuis la pointe de Graves s'étendent jusqu'à Bayonne, on serait convaincu de cette vérité.

les magiciens et magiciennes du pays se réunissent pour tenir le sabbat. Ces lieux reprouvés sont de vastes plaines d'un sable fin et blanc; on n'y aperçoit pas le plus petit brin d'herbe; la bruyère elle-même n'y croît pas; gardez-vous bien que la nuit ne vous surprenne dans ces parages, domaines, tant que dure l'obscurité, des lutins et des esprits malfaisants.

Plus l'habitant des Landes s'éloigne des villes, plus il se montre triste, taciturne, apathique, mais il conserve du moins la vertu de l'hospitalité. Malgré sa profonde misère, il ne ferme jamais sa porte au voyageur égaré; il partage avec lui son pain noir et dur, son eau saumâtre et sa *cruchade*, détestable bouillie dont le maïs est la base.

CHAPITRE II.

DU SOL CONSACRÉ A LA CULTURE DE LA VIGNE.

A l'égard de ce qui concerne les terrains de la Gironde voués à la culture de la vigne, nous ne pouvons prendre de meilleur guide qu'un Mémoire fort remarquable adressé en 1842, par la Société d'agriculture du département, à M. le Ministre de l'agriculture et du commerce :

« Le sol de la Gironde, consacré à la vigne, doit être rangé dans trois classes tout-à-fait distinctes, en se basant pour cela : 1° sur son origine géologique; 2° sur sa nature particulière; 3° sur la qualité du vin qu'on en retire.

Ces trois classes de terrain ont été dès long-temps constatées, ainsi que le prouve la dénomination particulière imposée chacune d'elles. Ce sont :

1° Les *Côteaux.*

2° Les *Graves.*

3° Les *Palus.*

1° *Les Côteaux.* Ces terrains, les plus anciens dans le département, selon leur ordre de formation, puisqu'ils appartiennent à la formation tertiaire, offrent, ainsi que l'indique leur nom, des pentes plus ou moins rapides, et telles bien souvent, qu'il suffirait de cette seule circonstance pour en éloigner toute autre culture que celle de la vigne.

La formation tertiaire étant principalement constituée dans le bassin de la Gironde par des alternances diverses d'argiles, de calcaires, de marnes, et de sables, il est clair que ce sont ces quatre natures de terre que l'on doit rencontrer dans les localités dont nous parlons; avec cette remarque essentielle, pour le sujet qui nous occupe, que chacune d'elles s'y montre d'autant plus exempte de mélanges, et par suite d'autant plus rebelle aux cultures annuelles, que, partant du pied des côteaux, on s'avance davantage vers leurs sommets.

Là, le sol livré à l'industrie de l'homme, joint, presque toujours, à son peu d'épaisseur, à l'impénétrabilité, à l'homogénéité de sa couche inférieure, des propriétés physiques tellement tranchées, que la végétation spontanée même s'y réduit à un petit nombre d'espèces, et que les travaux qu'il exigerait, pour être amendé, rendu propre aux cultures d'assolement, dépasseraient de beaucoup toutes les chances de bénéfices que pourraient présenter de telles opérations.

Ce sol est le résultat de la décomposition locale de la roche tertiaire sur laquelle il repose immédiatement; les eaux, par leurs transports, n'ont pu rien y ajouter. Trop souvent, au contraire, elles y ont enlevé de précieux éléments de fertilité pour les précipiter, les entasser, dans les vallées, dans les plaines, malheureusement trop restreintes qui séparent entr'eux ces divers côteaux.

Ainsi, ce sont des terres argilo-marneuses fortes; comme dans l'Entre-deux-Mers et sur la rive droite de la Dordogne.

Des terres argilo-graveleuses; comme sur les plateaux, les plaines élevées de ces mêmes localités.

Des terres légères et sablonneuses; comme dans le Bazadais, le Blayais, le Cubzaguais, etc., etc......

Enfin, ce sont quelquefois des argiles presque pures, fortes, tenaces, surchargées d'oxide de fer et présentant ainsi les couleurs les plus tranchées: rouge, jaune, blanc, etc......., comme sur grand nombre de points de l'Entre-deux-Mers, et du territoire de l'ancienne Benauge.

Tels sont, parmi les terrains complantés en vigne, ceux que, dans la Gironde, on désigne sous le nom de *Côtes*, de *Côteaux*. En vain, voudrait-on les utiliser autrement, et certes de nombreuses tentatives ont été faites, toujours l'expérience, aussi bien que la théorie, ont démontré le danger, l'impossibilité de semblables réformes; toujours elles ont justifié la conduite des hommes qui, les premiers y plantèrent de la vigne; toujours elles sont venues à l'appui de ce fait capital que, dans toute pratique agricole que le temps a respectée, il y a une raison émanant de la nature même et comme elle impossible à changer.

2° *Les Graves*. On donne, dans la Gironde, le nom de

Graves, à ces plaines plus ou moins étendues qui recouvrent la formation tertiaire et servent de transition aux terrains modernes, à ceux que nos fleuves et rivières actuels ont déposés et qu'ils déposent encore chaque jour.

Ces terrains appartiennent au *diluvium*, ils sont le résultat du transport des eaux ; mais des eaux impétueuses, s'élevant à un niveau et affectant des directions, des courants, qui n'ont rien de commun avec l'état actuel de notre système hydrographique, et qui constatent l'existence du grand cataclysme dont l'histoire, aussi bien que les faits géologiques, nous a conservé le souvenir.

C'est un mélange plus ou moins complet, et dans des proportions essentiellement variables, quand à la quantité et au volume des parties constituantes, de gravier, de sablon, de sable, et d'autres éléments terreux.

C'est un manteau, comme le désigne si bien le savant statistitien de la Gironde, M. Jouannet, recouvrant les plateaux, les collines ondulées entre lesquelles serpentent nos vallées et que l'on remarque plus particulièrement sur la rive gauche des rivières de la Gironde et de la Garonne où il occupe une zone presque continue depuis Castillon sur Gironde, jusqu'à Langon sur Garonne.

L'épaisseur de cette couche de gravier, continue l'auteur que nous venons de nommer, varie depuis quelques centimètres jusqu'à 2 et 3 mètres au plus. Ce sont, en grande partie, des quartz roulés, ovoïdes, jaunâtres ou blancs, souvent translucides, quelquefois même transparents, d'une très-belle eau, et susceptibles de poli, etc...

Le sous-sol de cette nature de terre est quelquefois, mais trop rarement, de l'argile; dans quelques endroits du roc et plus généralement du sable pur, ou la formation ferrugineuse et plus ou moins dure, quoique toujours imperméable, que l'on désigne dans les Landes sous le nom d'*alios*.

Ainsi, au défaut d'humidité, de cohésion, dans la saison surtout et sous une latitude où ces propriétés seraient si nécessaires, ce terrain joint l'inconvénient grave de retenir tellement la chaleur que lui ont communiquée les rayons solaires, qu'il doit être placé dans la catégorie et au premier rang de ceux que la pratique agricole désigne sous les noms de terrains arides, de terrains brûlants, et qu'elle regarde avec juste raison comme radicalement improductifs.

Il semble que les *Graves*, d'ailleurs si peu favorables à la culture en général, tant celles du Médoc que les autres, aient été faites pour la vigne. On dirait même, que toutes les circonsiances de formation, de constitution, de situation, de voisinage se sont réunies pour exclure de ces lieux toute autre culture; pour y fixer impérieusement celle dont les produits y sont tellement hors de ligne, qu'ils ne rencontrent de rivaux ni dans les temps anciens, ni dans les temps actuels.

Ce sable aride, ce sous-sol imperméable, ces particules de fer qu'il renferme, c'est ce qui plaît à la vigne. C'est là que ses racines aiment à s'implanter; c'est là qu'elles puisent ces matériaux précieux que la sève charrie et qui assurent à son fruit ses merveilleuses propriétés. Ce silex à la surface polie, aux couleurs claires, c'est justement ce qu'il faut pour réfléchir les rayons solaires, pour les diriger sur la grappe du raisin et déterminer ainsi sa maturité. Ces douces ondulations, ces sommets arrondis, ces pentes qui échappent à l'œil tant elles sont ménagées, dissimulées, c'est ce qui permet au soleil d'embrasser, de réchauffer toute la surface; aux vents, de la parcourir dans tous les sens, pour en chasser l'humidité si funeste, alors qu'elle est stagnante ; enfin ce voisinage des grandes masses d'eaux, c'est encore un nouveau bienfait, car il semble établi par des observations déjà bien anciennes, que cette condition est essentielle à la production du bon vin. C'était le sentiment des Anciens, dont Pline a été l'organe, dit M. le comte Odart, et qu'il appuie de la citation d'un fait extraordinaire, quand il nous apprend que le cours de l'Hèbre s'étant éloigné d'une ville de Thrace du nom d'Émus, les vignes des environs perdirent leur réputation. Plusieurs auteurs modernes fort remarquables ont partagé cette manière de voir ; la pratique elle-même y a donné sa sanction en reconnaissant, au moins en Touraine, que le vin de l'arrière-côte, ne vaut jamais celui de la côte.

3° *Les Palus*. Ce sont ces terres riches, profondes, fertiles que les eaux actuelles ont déposées le long de leurs cours, qu'elles ont composées de tous les débris des trois règnes ramassés durant le long trajet qu'il leur a fallu faire pour arriver jusqu'à nous. Si la vigne, dans ce sol privilégié, n'est plus, comme dans ceux qui précèdent, une conséquence de leur nature, elle est une nécessité non moins impérieuse du commerce de Bordeaux, une des conditions, un des éléments précieux de son activité.

Les vins qui viennent sur cette portion du territoire de la Gironde (l'expérience l'a dès long-temps prouvé), sont ceux qui conviennent aux expéditions maritimes de long cours. C'est la marchandise d'encombrement qui fait le fond des cargaisons ; c'est la denrée à laquelle la mer ajoute des qualités nouvelles ; ce sont les vins des îles et des continents les plus éloignés, des Antilles, de l'Amérique, de l'Inde, etc., etc.

CHAPITRE III.

Description de la vigne. — Manière de la planter. — Les meilleures espèces ou variétés de Cépages rouges et blancs cultivées dans le département de la Gironde.

DESCRIPTION DE LA VIGNE.

Vigne—*Vitis*. Genre de la pentandrie monogynie, et qui a donné son nom à la famille des *Vignes* de *Jussieu*. *Tournefort* le comptait encore au nombre des *rosacées*. Je ne dois parler ici que de la vigne cultivée : *Vitis vinifera, Lin.*, dont le fruit exprimé donne cette liqueur fermentée, connue sous le nom de *Vin*. Ce vin s'est trouvé d'un goût trop général pour qu'on n'ait pas cherché à se procurer la plante qui le fournissait : aussi l'histoire nous apprend que les Phéniciens la transportèrent d'Asie en Grèce, d'où elle s'est répandue de proche en proche jusqu'en France. « Elle occupait déjà, nous dit le célèbre » comte de Chaptal, une partie des côteaux de nos dépar- » tements du Var, des Bouches-du-Rhône, de l'Hérault » et de Vaucluse, du Gard et des Hautes et Basses-Alpes, » de la Drôme, de l'Isère et de la Lozère, quand Domi- » tien, soit par ignorance, soit par faiblesse, comme le » dit Montesquieu, ordonna, à la suite d'une année où » la récolte des vignes avait été aussi abondante que celle » des blés chétive et misérable, d'arracher impitoyable- » ment toutes les vignes qui croissaient dans les Gaules : » comme s'il y avait quelque chose de commun entre la » manière d'être et de croître de ces deux familles de » végétaux ! Comme si les produits de l'une pouvaient

» jamais être un obstacle à la récolte de l'autre ! Comme » si enfin, les terres à vignes n'étaient pas alors, comme » aujourd'hui, au moins dans le sol qu'habitaient les » Gaulois, des terres entièrement impropres à la repro- » duction des céréales !

» Quoi qu'il en soit, nos pères, par cet édit désastreux, » se virent condamnés à ne se désaltérer désormais » qu'avec de la bière, de l'hydromel, ou quelques tristes » infusions de plantes acerbes. Cette privation, qui re- » monte à l'année 92 de l'ère ancienne, s'étendit à deux » siècles entiers. Ce fut le sage et vaillant Probus, qui, » après avoir donné la paix à l'Empire par ses nombreuses » victoires, rendit aux Gaulois la liberté de replanter la » vigne. Le souvenir de sa culture et des avantages qu'elle » avait produits ne s'était point encore effacé de leur » mémoire ; la tradition avait même conservé parmi eux » les détails les plus essentiels de l'art du vigneron. Les » plants apportés de nouveau, par la voie du commerce, » de la Sicile, de la Grèce, de toutes les parties de l'Ar- » chipel et des côtes d'Afrique, devinrent le type de ces » innombrables variétés de cépages qui couvrent encore » aujourd'hui les côteaux vignobles de la France. »

La culture et les divers climats en ont fait des variétés infinies. Quelles qu'elles soient, ce sont toujours des arbrisseaux à tige tortueuse, d'un bois dur et couvert d'une écorce peu tenace. Elles poussent aussi des rameaux sarmenteux, longs, noueux, striés, garnis de feuilles alternes, souvent opposées à des vrilles au moyen desquelles ils s'accrochent aux corps environnants. Ces feuilles, grandes, palmées à plusieurs lobes, souvent dentelées, sont portées par un pétiole long et ferme. Les fleurs qui s'épanouissent en Mai, sont très-petites, herbacées, odorantes, disposées en grappes composées, elles consistent en cinq pétales à peine visibles, en cinq étamines et un style. Lorsque des temps contraires ne les font point *couler*, c'est-à-dire avorter, elles deviennent des baies plus ou moins grosses, plus ou moins serrées sur la grappe, d'un vert blanchâtre ou d'un rouge plus ou moins foncé, pleines d'un jus d'abord très-acerbe, mais que la maturité rend doux et sucré ; il est quelquefois parfumé. Dans cet état, le raisin se met sur les tables ou s'exprime pour faire du vin. Il mûrit plus ou moins vite selon la variété, le climat, ou l'exposition, et se conserve, moyennant quelques soins, au-delà de six mois.

La vigne se plaît dans les terrains montueux et pierreux, aux expositions chaudes du Levant et du Midi, ses racines aiment à pénétrer dans les fentes des rochers. Sans culture, elle rapporte beaucoup moins, mais elle vit des siècles, et son tronc peut acquérir un volume prodigieux : la culture la féconde en abrégeant sa vie. On la propage de provins, c'est-à-dire, le couchage fait en automne, et au printemps par des croisettes qui ne sont que des boutures.

« L'usage veut, dit Toussaint-Yves Catros (1), que » chaque bouture ait un peu de bois de l'année précé- » dente en bas ; cet usage n'est pas nuisible, et ne peut » que produire un bien ; ce bois a plus de consistance » et résiste mieux à la pourriture, en cas de trop d'hu- » midité, au fond de la rigole où on plante ; mais il n'est » pas rigoureusement nécessaire. J'ai souvent planté des » vignes dont le pied était rare, d'une jeune branche

---

(1) Traité raisonné des arbres fruitiers. Bordeaux, 1810.

» coupée en plusieurs bouts ; j'ai réussi, autant en usant » de celui de l'extrémité, que de celui du bas où se trou- » vait le bois de l'année précédente. Ces boutures ou » croisettes sont appelées *plants* aux environs de Bor- » deaux ; la manière de les planter est toujours la » même.

» Si on veut en faire une pépinière, il faut choisir » les plants des espèces que l'on veut avoir, les nettoyer » de toutes les vrilles qui peuvent s'y trouver, et ne » prendre que les pousses dont le bois soit bien mûr ; on » coupe ces plants d'environ 15 à 18 pouces de longueur » (0^m 406 à 0^m 487), et si le temps est sec, il sera à » propos de les faire tremper dans l'eau quelques heures, » cela aide à les faire courber ; pour les planter on ouvre » une rigole d'environ un pied de large (0^m 325) sur » toute la longueur de la pièce qu'on veut planter : la » profondeur doit être proportionnée à la qualité du » terrain ; s'il est sec, elle devra avoir un pied (0^m 325); » si c'est une bonne terre, six ou huit pouces suffiront » (0^m 162 ou 0^m 216) ; et si la pièce est trop humide, » un peu moins de profondeur. On place les plants dans » cette rigole, à la distance de cinq à six pouces l'un de » l'autre (0^m 135 à 0^m 162). Le bas doit être courbé en » terre pour faciliter la reprise. Après avoir planté la » première rigole, on en fait une autre à un pied (0^m 325) » de distance de la première, et ainsi de suite jusqu'à la » fin ; quand c'est achevé, il faut repasser tous les plants » pour les rabattre à deux yeux au-dessus de la surface » de la terre, afin que les autres aient plus de force, et » ne pas attendre pour cela, ainsi que je l'ai vu souvent, » que la sève soit montée, ce qui retarde les pousses » basses, qui sont toujours les meilleures.

» Si on veut planter la vigne en place, ce qu'on ap-
» pelle, dans les environs de Bordeaux, *planter en plants*,
» après avoir bien préparé le terrain destiné à cette
» plantation, c'est-à-dire, l'avoir fouillé profondément,
» tant pour l'ameublir que pour détruire les mauvaises
» herbes et les plantes nuisibles qui peuvent s'y trouver,
» on trace des rangs dans toute la longueur de la pièce,
» en tâchant, autant que le terrain le permet, qu'ils
» soient du nord au sud, ou de l'est à l'ouest; je dis,
» s'il est possible, parce qu'il existe encore une raison
» plus forte, qui peut quelquefois s'y opposer; c'est la
» pente du terrain qu'il est essentiel de suivre, afin de
» laisser l'écoulement aux eaux, pour qu'elles ne séjour-
» nent pas dans la plantation, ce qui serait très-nuisible
» pour les racines de la vigne et même à la qualité
» du vin.

» Il se trouve des positions où l'on fera bien, au
» contraire, de planter les rangs à contre-sens de
» la pente : ce sont les plantations faites dans les côtes.
» Là, il n'y a point à craindre le séjour des eaux,
» mais le dégât qu'elles feraient en coulant rapidement
» le long des rangs qui se trouveraient sur la pente.
» On pourra laisser, s'il est nécessaire, quelques allées
» ou passages pour l'écoulement des eaux, formant,
» dans ces allées, des bassins ou réservoirs qui, en
» arrêtant leurs cours rapides, recevront les terres
» qu'elles entraînent, qu'on peut ensuite retirér pour
» remplir les ravins, et réparer les dégâts que ces
» écoulements occasionent.

» Les rangs doivent être à des distances différentes,
» selon la qualité des terres où l'on veut planter.

» Si ce sont des terres maigres et graveleuses, un

» mètre est la distance ordinaire (3 pieds) : c'est celle » que l'on donne à toutes les vignes qui se cultivent à » la charrue à bœufs, comme on le pratique dans tout » le Médoc, excepté pour les terres plus fortes, où on » travaille à la houe. Là, les distances varient, selon » que les terres ont une qualité différente, depuis quatre » pieds jusqu'à six (1^m 300 et 2 mètres). L'usage de » chaque canton sert à peu près de guide ».

La plantation se fait depuis le mois de février jusqu'au mois de mai; lorsqu'elle est suivie d'un été pluvieux, tel que le fut celui de 1832, elle prospère presqu'infailliblement.

Il faut cinq ans pour qu'une jeune vigne couvre ses frais; à dix ans, elle a acquis la plénitude de sa vigueur; dans la région septentrionale du département, elle est un peu plus tardive, d'un an environ. Les soins dont elle est l'objet, la nature du terrain et surtout la taille décident de sa durée. Lorsqu'elle est placée dans un sol sablonneux, elle croît promptement et dépérit de même; à cinquante ans, quelquefois plutôt, il faut songer à la renouveler. Dans les terrains argileux et forts, elle croît avec plus de lenteur, mais elle vit davantage; quand le fonds est rocailleux, elle atteind à son plus haut degré de longévité. Il existe sur certains points du département, des vignes qui ont vécu un siècle et au delà; à Pessac, sur une grave mêlée de terre forte, on montre même quelques souches dont la tradition fait remonter l'âge jusqu'au quatorzième siècle, jusqu'au pontificat de Clément V. Nous ne leur garantissons pas une antiquité aussi vénérable, mais nous avons reconnu qu'elles donnent encore quelques grappes et d'excellent vin. Pour que la vigne soit de longue durée, il faut que le vigneron qui taille n'élève point trop les pieds et qu'il ne leur donne pas une charge exagérée.

LES MEILLEURS CÉPAGES

CULTIVÉS DANS CE DÉPARTEMENT, SONT, EN ROUGE :

Le *Carmenet* ou *Carbenet*, la *Carmenère*, le *Malbeck*, le *petit Verdot*, le *gros Verdot*, le *Merlot* et le *Massoutet*. Dans les vignobles qui produisent la classe des vins communs, on plante encore : le *Mancin*, le *Teinturier*, la *Pelouille*, la *petite Chalosse noire*, le *Cruchinet* et le *Cioutat*.

Le *Carmenet* ou la *petite Vidure*. Feuille glabre, un peu dentelée; le grain moyen, rond, un peu séparé; la couleur brillante et d'un noir assez foncé; le goût agréable. Le Carmenet donne un vin fin, léger, agréable, plein de bouquet, mais peu coloré.

La *Carmenère* ou la *grosse Vidure* porte aussi les noms de *grand Carmenet* ou *Sauvignon;* dans les graves, on lui donne la désignation de *Carbenet*. La grappe de cette espèce est grosse, longue et plus espacée que celle de la précédente; le grain a plus de grosseur; la couleur est vive, le goût excellent; sujet à la coulure. Le vin qui en provient a la même qualité que celui du Carmenet, seulement sa couleur est plus foncée. Ces deux espèces sont à peu près les seules que cultivent certains crûs privilégiés.

Le *Malbeck* ou *noir de Pressac*. Grappe longue; grains ovales, espacés, très-noirs; la grappe et le pédicule rougeâtres; la feuille glabre et le bois gris cendré; sujet à la coulure. Le Malbeck produit un vin très-mûr, coloré, faible en esprit, délicat en vieillissant, facile à s'aigrir s'il n'est pas bien soigné et tenu en cellier frais. Son nom lui vient d'un négociant qui l'avait activement propagé dans le Médoc.

Le *Petit Verdot*. Raisin à grappe courte; grain menu; couleur vermeille; goût délicat; feuille couleur terne portant beaucoup de vrilles.

Le *Gros Verdot*. Mêmes qualités, mais son fruit est plus gros. Le petit et le gros Verdot mûrissent assez difficilement dans ce département; ils produisent un vin ferme, d'une belle couleur et plein de bouquet: ce vin est de longue garde. Quand le gros Verdot mûrit parfaitement (ce qui est rare et ce qui n'a lieu que dans les années les mieux réussies, telles que 1815, 1819, 1822, 1825), il fournit un vin très-délicat, plein de bouquet et d'une belle couleur.

Ces quatre cépages sont ceux qu'admettent les grands crûs du Médoc; mêlés avec une sage intelligence, leur produit est des plus distingués. Quelques crûs renommés n'excluent pas le *tarney*, cépage qui mûrit avec promptitude, et qui donne un vin couleur de rubis; sa peau est fine, son grain noir, sa feuille lisse et trilobée, son bois faible et vagabond.

Le *Merlot*. Ce cépage annonce beaucoup de vigueur par la grosseur de son bois. La grappe est ailée, d'un beau noir velouté et composée de grains médiocrement serrés vers le bas. On a donné le nom de Merlot à cette variété de vigne, parce que les merles sont très-friands de ce raisin qui mûrit de bonne heure. Moins délicat que le Malbeck, il exige autant de soins pour sa conservation. Il donne un vin excellent lorsqu'il est mêlé avec le Verdot ou le Carmenet.

Le *Mancin* ou la *Soumansingue*. Feuille ronde, très-grande, se tachetant de rouge en automne; bois brun; grain rond; grappes assez grosses; il donne beaucoup de vin, mais d'une qualité inférieure.

Le *Teinturier* ou l'*Alicante*. Ce cépage a des signes caractéristiques, il se distingue non-seulement à la couleur presque incarnate que contractent ses pampres, longtemps avant que le fruit ait acquis sa maturité, mais encore par sa feuille glabre et marbrée, au revers blanc et cotonneux. Son bois est court; le fruit rond; le grain serré; la grappe courte, extrêmement foncée et d'une saveur très-douce. Ce raisin donne un vin faible, très-coloré, âpre, qui a un goût de terroir désagréable. Il n'est propre qu'à donner de la couleur aux vins de basse qualité qui en manquent, encore faut-il en user modérément, car il communique au vin avec lequel on le mêle son âpreté et sa tendance à s'aigrir. Il convient pour la fabrication de l'eau-de-vie.

La *Pelouille* ou la *Pelouye*. Grappe et grain gros; couleur pâle; saveur inférieure; feuille blanchâtre portant beaucoup de bois et de vrilles. Ce raisin donne un vin commun, mou et sans couleur.

La *petite Chalosse noire*. Cette espèce mûrit très-bien dans ce département. Ses grains oblongs sont très-gros et composent des grappillons qui forment par leur réunion de très-grosses grappes. C'est l'espèce qui se garde le mieux pour l'hiver et qu'on sert au dessert. On peut le conserver jusqu'au mois de mars ou d'avril, en suspendant les grappes à des cordes le pied en haut. Les vins que fournit ce cépage sont communs et un peu mous, mais durables et d'une belle couleur.

Le *Cruchinet*. La grappe est d'une belle grosseur; les grains sont ronds, pulpeux, remplis d'un jus très-agréable au goût. Ils donnent un vin commun, mais de bonne garde.

Le *Cioutat*, nommé dans ce département le *Persillé* ou en patois la *Persillade*. Il est remarquable par ses feuilles palmées et laciniées en cinq pièces; elles ressemblent assez à la feuille de persil (*apium sativum*) ou d'ache (*apium palustre.*)

Le *Pied de Perdrix*. Bois brun, grappes longues, raisins pas trop gros et attachés d'une manière très-lâche, d'un goût fort agréable, mais ne donnant qu'un vin commun.

Le *Balouzat*. Bois rougeâtre; grain rond et gros, de maturité rapide et d'un goût agréable. Il donne un vin médiocre, mais assez corsé et d'une couleur foncée. Ce cépage produit abondamment; il a un goût de terroir particulier qui n'est pas absolument désagréable.

VIGNES BLANCHES.

La vigne qui produit les grands crûs de vins blancs se plante en petites joualles, et en grandes pour les autres crûs. Ces derniers en rang simples ou doubles sont séparés par un intervalle de cinq ou dix sillons, entre lesquels on cultive, quand le terrain le permet, des céréales, des légumes et des fourrages. La hauteur des ceps est en général basse ou moyenne; il y a quelques vignobles où ils ont toute leur hauteur. Une espace de 1^m à 1^m 30 sépare les ceps entr'eux.

On emploie le carasson pour échalasser les vignes basses, et on donne 2^m de hauteur aux échalats des vignes hautes. Dans les crûs inférieurs et par un principe d'économie, motivé sur l'infériorité du prix, on laisse venir les vignes basses sans échalats.

Les vignerons qui tiennent à soigner leurs vignes et à les rendre productives, donnent quatre labours de charrues. Les autres vignerons emploient la houe.

Les communes où la vigne blanche réussit le mieux, sont en général situées sur les côteaux exposés au midi, surtout si le sol est caillouteux, et repose sur un fond d'argile.

La vigne blanche dans les grands crûs se plante en fossés et à la barre, et, comme nous l'avons déjà dit, par rangs doubles ou par rangs simples; quelquefois ces deux modes sont alternés; les ceps acquièrent plus de vigueur par rangs simples; par rangs doubles il y a économie d'échalats. On laisse 2^m 11^c de distance entre les rangs doubles ou simples; les files de chaque rang double sont espacées de 0^m 875, et les ceps de chaque file de 1^m.

La culture se fait aux mêmes époques et à peu près de la même manière qu'au Médoc; les labours se font à la charrue et on repasse avec la bêche. On emploie l'araire pour déchausser, et une charrue plus grande pour rechausser.

C'est à une culture mieux entendue et à un meilleur choix dans les plants de vigne qu'est due la haute réputation des vins de Sauterne, réputation qui ne remonte guère à plus d'un siècle. On trouve encore dans quelques vignobles une culture arriérée et des cépapes de mauvais choix, mais aujourd'hui dans les bons vignobles on ne cultive guère que les suivants.

Le *Sauvignon* d'un bois jaunâtre tirant sur le gris avec des taches brunes, feuille dentelée d'un vert foncé; la grappe très-fournie présente des grains de forme oblongue d'une couleur ambrée; c'est un des meilleurs raisins de table; le vin qu'il produit a beaucoup de parfum, mais il est capiteux.

Le *Semilion* d'un bois rougeâtre légèrement aplati, feuille pâle et très-découpée, grappe fournie, dont le grain est rond et gros, d'une teinte dorée et d'un goût très-délicat.

Le *Rochalin* a quelque rapport avec le Sauvignon, mais les feuilles en sont plus grandes et le goût moins délicat; mûrissant tard, il craint les gelées.

Le *Verdot* d'un bois jaunâtre rayé de brun; feuille grande, épaisse, de couleur vert foncé; la grappe est de grandeur moyenne; le grain petit, et d'un goût très-fin. Ce raisin est long à mûrir.

Le *Blanc-doux;* son nom indique la délicatesse de son fruit, il a le bois grisâtre, la feuille peu dentelée et d'un beau vert; sa grappe est moyenne et son grain est transparant, coloré et tacheté de brun.

Le *Prueras*. Les grains sont gros, savoureux et mûrissant bien; ce raisin donne beaucoup de vin. On le reconnaît à sa feuille épaisse et d'un vert mât.

Les cépages qui donnent des vins communs sont :

La grosse *Chalosse blanche;* grappes grosses et longues, fruits oblongs et détachés; vin mou et de peu de corps, mais de belle couleur.

Le *Pique-poux* ou l'*Enrageat*. Ce nom lui vient de ce qu'il produit considérablement. Grappes très-fortes et très-longues; raisins serrés et gros. Vin d'une couleur brillante; il est souvent converti en eau-de-vie.

La *Blanquette;* grappes très-longues; raisin petit et lache; ce cépage produit beaucoup, mais il ne donne qu'un vin mou et commun.

Le *Blayais* diffère peu de la Blanquette ; son produit est encore plus commun.

CHAPITRE IV.

DE LA CULTURE DE LA VIGNE

DANS LES MEILLEURS CRUS DU MÉDOC.

Nous ne saurions mieux faire, en traitant le sujet plein d'intérêt auquel est consacré ce chapitre, que de reproduire en grande partie les détails empreints d'une si lucide exactitude qu'un agronome distingué, M. A. Joubert, a consignés dans ses réponses à des questions proposées par l'académie de Bordeaux, réponses dictées par l'expérience la plus consommée. Ces détails ne s'appliquent rigoureusement qu'aux meilleures communes du canton de Pauillac : trois d'entr'elles, Pauillac, St-Julien et St-Estèphe, sont célèbres par la supériorité de leurs produits.

Tous les terrains du canton produisent généralement des vins de bonne qualité ; il n'y a point de préférence pour l'exposition. La seule préférence accordée, l'est à la nature du sol. On reconnaît que les terrains qui contiennent le plus de grave et qui reposent sur l'alios produisent les meilleures qualités de vin. Le terrain ne reçoit aucune préparation s'il a déjà été planté ; s'il était en landes il est défriché, fumé et employé pendant deux ou trois ans en céréales et en pommes de terre.

On ne cultive qu'en plein, jamais en joualles ; le terrain est divisé par sillons.

L'espace laissé entre chaque rang dans les vignes en plein est d'un mètre; la distance d'un cep à l'autre est de quarante pouces (1^{m} 12^{c}).

Le mode de plantation dans le canton est uniforme; il consiste à tourner le terrain sens dessus dessous : on appelle cette méthode renverser le terrain. On n'emploie que très-rarement des plants enracinés, il n'y a d'autre différence dans le mode de plantation que dans le plus ou le moins de profondeur à donner au défrichement. C'est-à-dire que si l'alios est trop près de la surface du sol, pour bien opérer on défonce ce poudingue qui serait impénétrable et qui arrêterait l'essor si nécessaire à la végétation de la vigne. Quelques propriétaires font défoncer entièrement à la pioche, et c'est la meilleure méthode; d'autres, après avoir fait creuser le fossé nécessaire pour planter, font percer un trou à la barre et y mettent le plant ou *crossette*. On nomme crossette un bois de deux ans muni d'un talon : dans ce dernier cas le trou traverse toute l'épaisseur du poudingue. Voici le mode de plantation le plus usité dans le canton; c'est celui qui se pratique à St-Julien : on transporte sur chaque journal de terrain à planter environ quarante tombereaux de fumier et quatre-vingts tombereaux de bonne terre provenant d'écurages de fossés; les ouvriers commencent par faire un fossé de dix-huit pouces de profondeur et de trois pieds de largeur; ce fossé, tiré au cordeau, prend toute la longueur de la pièce à planter; le fossé fait, on marque la place que doit occuper chaque plant, en observant une distance de quarante pouces entre chacun; les hommes s'arment alors de barres de fer et font un trou d'environ un pied pour chaque plant, qui se trouve ainsi enfoncé de trente pouces : tous les plans sont mis en place et soutenus par un carasson. Aussitôt on met à chaque plant trois ou quatre jointées de bonne terre, en observant de bien garnir le trou fait à la barre. Après cette opération l'on met à ces mêmes plants du fumier, et immédiatement sur le fumier la terre qui a été transportée d'avance sur le terrain à planter; on en met à chaque plant un quart de bayart. Ces diverses opérations terminées, on fait un nouveau fossé dont la terre sert à remplir le premier, en observant de mettre la terre du dessus au fond du fossé et de renverser parfaitement le terrain. La plantation terminée, on redresse le plant; et après l'avoir coupé à trois nœuds au-dessus de terre, on l'attache avec du vime au carasson. On ne taille le plant qu'après avoir *couvert* la vigne, c'est-à-dire après la façon donnée par le bouvier, et qui a pour but de faire un sillon au milieu duquel se trouve la vigne. Les plantations se font le plus ordinairement dans les mois de janvier, février et mars, et peuvent se prolonger, sans de graves inconvénients, jusqu'en avril.

Souvent les propriétaires ne font transporter que du fumier sur le terrain à planter; dans ce cas on paie 12 centimes par brasse. Le plus grand soin à apporter dans une plantation de vigne, c'est de faciliter l'écoulement des eaux; on ne doit rien négliger pour cela : l'eau est le plus grand ennemi de la vigne. A cet effet, il faut faire des fossés ou aqueducs : si les acqueducs sont pratiqués à une assez grande profondeur, on peut les exécuter en bois de pin; ils dureront fort long-temps : près de la surface le bois s'échaufferait, et les aqueducs deviendraient très dispendieux par leur peu de durée; il est préférable dans ce cas de faire la dépense d'acqueducs en moëllons.

Pendant deux et quelquefois trois ans, les jeunes plants reçoivent six labours par an; c'est-à-dire trois labours pour ouvrir le sillon, et trois pour le fermer. Il faut autant que possible détruire les herbes qui ne manqueraient pas d'étouffer le jeune plant, si l'on n'y apportait le plus grand soin.

La vigne entre en produit à cinq ans. A douze elle est dans sa force.

Il serait beaucoup trop long de suivre toutes les différences du terrain et toutes les causes qui influent sur la plus ou moins longue durée d'un vignoble. Dans le canton de Pauillac, il est des vignes qui ont peut-être deux cents ans et qui sont encore bonnes; il en est qui n'ont pas cinquante ans et qui dépérissent. Dans un terrain dont e fond sera graveleux, où la vigne pourra pivoter sans rencontrer une trop grande humidité, elle sera de longue durée. Il en est de même dans un sable vif. Mais dans les terrains dont le fond est impénétrable à la vigne et imperméable, les racines de la vigne, se trouvant à la surface, sont fatiguées par les eaux, par le froid, par les grandes chaleurs ; sa durée est alors très courte. Il est aussi du sable, que l'on désigne dans le canton sous le nom de *sable-mort*, dans lequel la vigne ne peut durer au-delà de vingt à trente ans, encore y est-elle toujours chétive.

Dans les terrains ordinaires et que l'on peut citer comme vraiment propres à la culture de la vigne, sa durée moyenne est de cent à cent-cinquante ans; mais pour cela il faut, lorsque la vigne a atteint six ou sept ans, époque où sa végétation est très active, faire un bon fumage approprié à la nature du terrain : c'est-à-dire que si le terrain est froid ou un peu argileux, il faut du fumier chaud et par-dessus un peu de terre légère; tandis que pour un terrain léger et naturellement brûlant, il faut du fumier bien consommé et mettre par-dessus de la terre forte qui conserve l'humidité. Le fumage se fait ainsi : on ouvre la vigne avec la charrue ; on déchausse le pied jusqu'aux premières racines, on y met 4 à 5 jointées de fumier et environ le quart d'un bayart de terre : ces opérations faites, on recouvre la vigne à la charrue. La meilleure saison pour le fumage est le mois de novembre. En répétant ce fumage tous les dix ans, si les façons sont bien faites et en temps utile, la vigne donnera des produits abondants, de bonne qualité, et sa durée sera au moins de 150 ans.

On commence ordinairement à tailler la vigne à la fin d'octobre ; aussitôt que le bois est mûr, et que la chute des feuilles commence, on peut tailler. Il est très-avantageux de terminer la taille avant les gelées, afin que le bois ait le temps d'être cicatrisé avant le grand froid. La façon de la taille est sans contredit la plus difficile et celle qui exige de l'ouvrier le plus de discernement. La plus grande observation à faire en taillant est de supprimer avec un très-grand soin tout le bois inutile, toutes ces petites branches qui peuvent donner naissance à des *gourmands* qui épuisent la vigne et l'empêchent de produire.

La vigne reçoit quatre façons, toutes à la charrue. La première façon commence immédiatement après les gelées, ce qui est assez ordinairement vers le 20 février. Cette première façon s'appelle *ouvrir la vigne*, elle est faite avec la charrue appelée *cabat*. Elle a pour but d'ouvrir le sillon au milieu duquel est le pied de la vigne et de porter ce sillon entre les rangs de vigne. Pour cela le bouvier laboure des deux côtés du rang de vigne de manière que l'oreille de la charrue puisse faire aller la terre entre les rangs et y former un sillon. Comme le bouvier ne peut dans ce labour enlever la terre qui se trouve entre les pieds de vigne, il reste entre ces mêmes pieds une certaine quantité de terre qu'on appelle dans le pays *cavaillons;* mais, à mesure que la charrue avance, des hommes ou des femmes tirent à la bêche les *cavaillons*, et déversent la terre sur les sillons. Cette première façon doit être terminée vers la fin du mois de mars, et en avril commence la seconde qui est également faite à la charrue; mais ce n'est pas avec la même charrue : celle-ci, nommée *courbe*, diffère de la première par la courbure de la perche. Le *cabat* ayant pour but de déchausser la vigne, a sa perche courbée de manière à ce que le soc approche le plus possible des pieds de vigne. La *courbe* au contraire, devant rechausser la vigne, a sa perche courbée de manière à ce que le soc fende le nouveau sillon formé par la première façon, et à ce que la terre soit reportée au pied de la vigne; dans cette seconde façon une femme armée d'une pelle doit suivre le laboureur, en se plaçant de manière à voir les provins qui ont été faits, et à les garantir avec sa pelle pour que la terre ne les couvre pas. Pour cela elle interpose la pelle entre le provin et l'oreille de la charrue, au moment du passage. Dans les premiers jours de mai on commence la troisième façon, qui se fait exactement comme la première avec le *cabat*. La quatrième doit être commencée aussitôt la troisième terminée, et poursuivie activement; elle se pratique, comme la deuxième, avec la *courbe:* je dis que cette dernière façon doit être poursuivie activement, bien qu'il ne faille pas la continuer pendant la floraison. En effet, si l'on ne se hâtait de la terminer, comme elle a pour objet de recouvrir les racines de la vigne, s'il survenait de fortes chaleurs la vigne souffrirait et son fruit serait fortement altéré : il arrive même souvent que beaucoup de pieds périssent. On objectera peut-être que si la vigne était couverte trop tôt et que l'été fût pluvieux les herbes la fatigueraient ; la chose est vraie, mais il est facile d'arracher les herbes qui nuiraient à la maturité du raisin et par suite à la qualité du vin : de deux maux il faut éviter le pire, et bien certainement, couvrir trop tard peut occasioner des dommages irréparables.

Nous avons déjà dit que le séjour de l'eau dans un vignoble était extrêmement pernicieux. Pour faciliter l'écoulement des eaux il faut, tous les deux ou trois ans, enlever la terre portée par la charrue dans les allées appelées dans le pays *capvirades*, qui sont au bout des plantiers de vigne et qui servent de tournée aux bœufs. Ces allées, qui doivent être toujours disposées de manière à ce que l'eau s'écoule sans difficulté, doivent être tenues légèrement plus basses que le plantier. La terre enlevée de ces allées est portée dans les endroits les plus bas du vignoble, pour les relever et faciliter par ce moyen l'écoulement des eaux ; s'il n'y a point de bas-fond on met cette terre au pied de la vigne, en suivant toute la longueur de la rège si le transport est assez considérable. Les transports des allées, comme tous les autres, doivent être faits autant que possible avant que la végétation ait commencé à se manifester. Une autre façon à donner tous les quatre à cinq ans, mais dont peu de propriétaires s'occupent, bien qu'elle soit très-utile, c'est d'ôter la mousse ; la mousse a le grave inconvénient de receler une grande quantité d'œufs ou de larves d'insectes funestes à la vigne : il ne faut ôter la mousse qu'après les gelées.

On épampre au mois de juillet, et l'on raccourcit les branches de la vigne, afin que l'air circule mieux, et surtout afin que le verjus reçoive davantage l'influence des rayons du soleil. Outre cela, comme la vigne est très-basse dans le canton, il arrive toujours qu'en faisant le dernier labour on couvre de terre quelques verjus ; pour remédier à cet inconvénient, des femmes et des enfants suivent exactement tous les pieds de vigne, relèvent le verjus et l'exposent autant que possible à l'action du soleil.

Dans le canton, toutes les vignes sont échalassées ; la hauteur moyenne à laquelle on les maintient, est de 40^{c}. On échalasse avec de la carassonne et de la latte ; la carassonne a une longueur moyenne de 66^{c}, et la latte une longueur moyenne de 3^{m} 50^{c}. L'échalassement des vignes est un espalier continu d'un bout de rège à l'autre auquel on attache la vigne, en lui donnant toujours la forme la plus avantageuse, tant pour maintenir le pied et ses bras, que pour exposer le fruit à l'action du soleil. La vigne est attachée avec du vime ; on le fend pour les *astes* (1) et les jeunes bras : tout ce qui offre une forte résistance est attaché avec du petit vime rond.

La carassonne est en châtaignier, et la latte en pin. L'œuvre d'aubier et d'acacia est en trop petite quantité pour mériter une mention spéciale. La carassonne est entièrement tirée du Périgord, la latte provient en grande partie du haut pays. Les propriétaires commencent à ensemencer leurs landes en pins, et ils cesseront avant long-temps d'être tributaires du haut pays pour cet objet.

---

(1) *Aste*, branche élevée assez bien disposée pour être pliée en arc, étendue, attachée le long de la latte.

Le vime est en majeure partie tiré de l'arrondissement de Bordeaux ; le canton produit tout au plus un dixième de ce qui lui est nécessaire. La carassonne coûte, rendue au vignoble, de 6 fr. 50 c. à 7 fr. le millier. La latte de pin venant du haut pays coûte 80 c. le fagot composé de 50 lattes, ou 16 fr. le millier ; la latte de pin du pays coûte 15 fr. le millier : elle est moins estimée. Le vime de belle qualité coûte 3 fr.

Presque tous les propriétaires sentent vivement le besoin de diminuer les frais de culture, ce qui ne peut avoir lieu sans changer le mode de la taille ; mais aucun n'a osé encore opérer le moindre changement. La principale cause qui les arrête, c'est l'ignorance des ouvriers : ils sont tellement routiniers, que leur opposition à toute innovation serait un obstacle presqu'insurmontable.

Quant à la température la plus favorable à la vigne, c'est, pour l'hiver, des gelées qui ne soient pas trop rigoureuses ; jusqu'à 7 à 8 degrés au-dessous de zéro la vigne ne souffre point ; si, avant ces gelées, il n'y a pas eu de pluie abondante, on peut même dire que ces gelées sont utiles en raison des insectes qu'elles détruisent. Pendant le printemps une température douce et légèrement humide ; des pluies trop abondantes, non seulement rendent difficiles les façons de la vigne, mais encore elles font pulluler les escargots d'une manière extraordinaire. La fin du printemps et le commencement de l'été doivent être secs sans être trop chauds ; c'est l'époque de la floraison. Le reste de l'été doit avoir une température assez élevée : de légères pluies de temps en temps sont de la plus grande nécessité, surtout immédiatement après la floraison et à l'époque où le raisin change de couleur. Pour que ces pluies soient bienfaisantes, il faut qu'elles soient suivies d'un temps couvert, si elles ont lieu dans le jour, car, après la floraison, des pluies de jour suivies d'un soleil ardent font noircir et tomber le verjus. A l'époque où le raisin change de couleur, elles sont cause qu'il s'échaude ou se dessèche complètement : or, le raisin échaudé fait de très mauvais vin. Le commencement de l'automne doit être sec et d'une température chaude ; des pluies abondantes feraient remonter la sève. Vers la fin de l'automne quelques petites gelées sont assez utiles ; elles hâtent la chute des feuilles, et favorisent de cette manière le commencement de la taille.

Les vendanges du canton de Pauillac se font dans la première quinzaine de septembre.

Lorsqu'est venu le moment de commencer la vendange, il y a bien des précautions qu'il ne faut point perdre de vue. Si la saison se comporte favorablement, on doit attendre que les raisins et le sol soient secs et que le temps paraisse assez assuré pour que les travaux n'aient pas d'interruption à redouter.

Un propriétaire jaloux de soigner la qualité de ses vins, ne manque point de faire vendanger en deux ou trois reprises. En général, les premières cuvées sont les meilleures. Les raisins doivent être triés avec soin ; un vendangeur intelligent ne coupe que ceux qui sont les mieux exposés et qui offrent des grains d'une grosseur et d'une couleur égales ; il donne la préférence aux raisins mûris à la base des sarments. Les grains verts ou pourris ne sont point ramassés (1).

(1) Il n'en est pas de même pour les grands vins blancs ; là, on récolte le mûr et le pourri, et ce n'est que lorsqu'il y a beaucoup de grains pourris que le triage recommence. Dans certaines communes on donne à cette opération des soins tellement minutieux que deux mois suffisent à peine pour completter les vendanges.

CHAPITRE V.

ARRONDISSEMENT DE BORDEAUX.

Cet arrondissement est borné au nord par celui de Lesparre; au couchant par l'Océan; au levant par l'arrondissement de Libourne et de La Réole; au midi par celui de Bazas et par le département des Landes. Son étendue est de 419,113 hectares; le terrain est très-varié; dans la partie de l'ouest, il est couvert d'un sable en partie vitrifiable et de landes; sur le bord des rivières, de terres fortes; sur les côteaux, de terres calcaires, glaises et graveleuses. Ses productions diffèrent suivant la nature du sol; elles consistent en vins, froment, seigle, maïs, avoine, foin, légumes, fruits à pepins et à noyaux, bois, œuvre et oseraies. Il possède de belles carrières de pierres dures: elles sont situées principalement le long de la rive droite de la Garonne.

Cet arrondissement est divisé en 13 cantons, en 19 justices de paix, et contient 152 communes; sa population est de 247,748 habitants. On compte 37,052 hectares consacrés à la culture de la vigne.

Bordeaux (1), chef-lieu de préfecture, est situé sur la rive gauche de la Garonne, à 11 myriamètres et demi environ de l'embouchure de la Gironde et à 86 myriamètres sud-ouest de Paris. Son port est l'un des plus grands et des plus beaux de l'Europe; il peut contenir jusqu'à mille vaisseaux. La Garonne y forme un bassin d'un kilomètre de largeur et d'environ 6 kilomètres de

(1 La consommation de Bordeaux a été en 1842 de 227,017 hect. de vin, et en 1843 de 203,280.

longueur, en forme de croissant ou demi-lune, où les navires marchands les plus considérables peuvent mouiller avec sûreté et commodité.

On ignore la date de la fondation de Bordeaux, mais cette ville existait dès le temps d'Auguste.

VINS DE COTES.

La chaîne de côteaux très-élevés qui s'étend le long de la rive droite de la Garonne, depuis la commune d'Ambarès, canton du Carbon-Blanc, jusqu'à l'arrondissement de La Réole, produit les vins qui sont généralement connus dans le commerce sous le nom de *vins de Côtes*. Ces vins se font du produit d'un grand nombre de cépages aussi diversifiés qu'il y a presque de communes. On les estime plus comme bons vins ordinaires, que comme vins fins; leurs qualités diffèrent en raison de leur exposition, du terrain sur lequel on les récolte et de ce que certains plants y dominent plus ou moins; en général ils sont fermes et colorés, mais quelquefois durs jusqu'à l'âpreté; ils acquièrent pourtant de la qualité en vieillissant. Il s'en fait des expéditions considérables pour la Bretagne, la Normandie, la Hollande et les ports de la mer Baltique. Au nombre des vins de côtes, le commerce de Bordeaux comprend également ceux qui se récoltent dans les vignobles situés le long de la Dordogne, depuis l'arrondissement de Blaye jusqu'à Fronsac; mais ces vins rentrent dans la classe des vins ordinaires, à l'exception de quelques communes, telles que *Saint-Gervais*, *Saint-André-de-Cubzac*, *Saint-Romain*, *Cadillac*, *Saint-Germain* et *Saint-Aignan*, qui produisent des vins moëlleux, agréables et d'une couleur vive.

Les communes de *Basseins* et de *Cenon* donnent les meilleurs vins de côtes; ils se distinguent surtout par leur couleur. Ils conviennent pour la Hollande, pour le Nord et pour la cargaison. Ceux récoltés dans les communes de *Floirac*, de *Bouillac* et de *Latresne* sont inférieurs aux précédents, ayant même un peu le goût de terroir.

La commune de *Carignan* produit une faible quantité de vin.

On assimile les vins qui se récoltent sur les coteaux de *Camblanes* à ceux de Basseins; ils ont cependant plus de corps et de couleur, mais un peu plus de dureté.

Quinsac fournit dans son ensemble des vins un peu inférieurs à ceux de Camblanes. Les uns et les autres s'expédient en Hollande, au nord de l'Europe et pour la consommation intérieure.

Les communes de *Cambes*, *Baurech*, *Tabanac*, le *Tourne*, *Langoiran*, *Paillet*, *Rions*, *Beguey*, *Cadillac*, *Loupiac*, *Sainte-Croix-du-Mont*, *Créon*, *Verdelet*, *Targon* produisent peu de vins rouges; ceux qui s'y récoltent, quoique assez colorés, sont, à quelques exceptions près, d'une qualité ordinaire, ou fort communs, ayant un goût de terroir et une saveur dure.

VINS DE PALUS.

Nous l'avons déjà dit; la nature a spécialement consacré le département de la Gironde à la culture de la vigne : les vignobles y prospèrent dans tous les terrains, dans les graves, sur les coteaux, et même dans le sol d'argile qui borde les rivières de la Garonne et de la Dordogne. Ces rivages plantureux qui ont conservé le nom latin de *Palus*, produisent des vins rouges justement appréciés.

PREMIÈRES PALUS.

La première de toutes les palus est celle des *Queyries*, située vis-à-vis Bordeaux. C'est cette langue de terre qui des coteaux du Cypressat s'avance, sur la rive droite du fleuve, vers le magnifique croissant que forme le port. Les vins de Queyries prennent rang après les crûs distingués du Médoc et des Graves ; ils sont riches, généreux, colorés, longs à se faire, et d'une *tenue* ferme. Ils se recommandent surtout par le bouquet, dont le développement exhale une délicieuse saveur très-prononcée de framboise ; très-vieux ils ne craignent pas de rivaux. Alors que les voyages de long cours étaient moins rapides, les Queyries étaient très-recherchés; on aurait eu crainte d'exposer long-temps aux ardeurs tropicales des vins plus légers ; on en faisait même revenir d'outre-mer pour leur donner par ce double voyage une haute valeur très-renommée.

On les emploie avec succès pour les *coupages* avec les Médocs usés ou trop faibles, avec qui ils ont des analogies avantageuses, mais depuis que les vins de l'Hermitage et du Roussillon abondent sur le marché de Bordeaux, les Queyries sont négligés par le commerce ; les Hermitages ou Roussillons étant beaucoup plus chauds, il en faut moins. Cette économie est du reste mal entendue, parce que ces derniers vins n'ont pas cette délicatesse de sève qui perfectionne en fortifiant. Le mérite des vins de Queyries tient plus particulièrement à ce que dans les bons crûs on ne cultive pour les premiers vins qu'un seul cépage nommé *Verdot*, le premier des raisins de Palus. Depuis que la vente de ces excellents vins est moins facile, les propriétaires sont contraints de viser à la quantité et plantent des cépages plus productifs et plus communs.

Dans les alluvions plus récentes, cotoyant le fleuve, là où le Verdot ne peut mûrir, on cultive la Vidure, le Merlau, le Malbec ou Mauzat et autres gros cépages, qui produisent un vin léger inférieur au premier; les propriétaires et le commerce ne confondent jamais ces deux catégories bien distinctes.

Les vins de Palus ont besoin de rester en tonneau six ou huit ans pour acquérir une mâturité convenable ; mis en bouteilles, ils se conservent ensuite long-temps. Les produits de ces vignobles sont plus éventuels que ceux des autres contrées du département ; constamment humectée dans l'hiver, la vigne y est bien plus sensible que dans les terrains élevés et par conséquent plus exposée aux gelées du printemps et à la coulure, occasionée par les brouillards, qui, de la surface des rivières, se répandent sur les plaines qui longent le cours des eaux.

La plantation se fait d'ordinaire à la barre avec des boutures ou des *barbeaux*. Au bout de trois ou quatre ans, les produits couvrent déjà les frais. A la taille, on laisse trois sarments ; celui du centre monte verticalement, les deux autres forment l'éventail. On lie chaque sarment à un fort échalas qui n'a pas moins de 2 à 3 mètres de hauteur et qui s'enfonce profondément en terre; précaution nécessaire pour résister à la violence des vents. On donne trois labours aux vignes de Palus, le plus souvent à la charrue, quelquefois à la houe. Quand elles ont été travaillées à l'araire, on retourne à la bêche la terre restée entre les pieds. Elles n'ont point besoin d'engrais. Un grand nombre d'hectares dans les Palus ne donnent guère au delà de deux tonneaux, mais il est de bonnes terres qui rendent jusqu'à quatre.

Le prix du tonneau est le plus souvent de 150 à 200 fr. pour les Palus ordinaires, et de 200 à 250 fr. pour les bons crûs de Queyries et de Montferrand.

Quant aux frais de culture dans les Palus, après des recherches multipliées à cet égard, nous n'avons rien trouvé qui puisse en donner une meilleure idée que le relevé suivant inséré dans l'importante *Statistique de la Gironde*, de M. Jouannet, et qui se rapporte à un vignoble de dix journaux en petites joualles, situé dans la Palus de Cadaujac.

Les dix journaux, année ordinaire, rendent 15 tonneaux, à 160 fr. l'un.			2400f »c
Frais de culture et autres à déduire :			
Contributions, chemins, charges municipales.	90f	»c	
Entretien des fossés, clôtures, menus frais de voyage.	100	»	
Façons des vignes : taille, œuvre, trois labours de bêche, à 40 fr. chaq. façon.	400	»	
Provins, barbeaux.	30	»	
Achat de l'œuvre, 15 douzaines.	238	»	
Achat du vime, 8 gerbes.	24	»	
60 bques à 11 fr. 50 c. l'une.	690	»	2014 50
Frais de vendange, 11 fr. 50 c. par tonneau (compris l'entretien des bastes, barriques de piquette, etc.).	172	50	
Courtage, 2 p. $^0/_0$.	48	»	
Buvante, tirage au fin, ouillage, frais d'ouillage, 5 p. $^0/_0$.	120	»	
Port à Bordeaux et accompagnement.	30	»	
Escompte, 3 p. $^0/_0$ du prix des 15 tonn.	72	»	
Reste net.			385f 50c

C'est-à-dire 38 fr. 55 c. par journal bordelais, revenu qui répond à 3 fr. 85 c. p. °/₀ de la valeur foncière. Les autres frais, entretien des bâtiments, etc., intérêt des avances, sont couverts par quelques ressources en sarments, en légumes, en grain, et par un peu d'œuvre que recueille le propriétaire. (Tous les bois servant à l'échalassement prennent le nom d'*œuvre.*)

Les bons vignobles de palus, dans les deux grandes vallées, offrent à peu près le même rapport des frais au produit brut, variant de 80 à 84 p. °/₀; mais il en est beaucoup qui, plus exposés aux gelées et aux inondations, sont loin d'offrir un revenu comparable à celui du vignoble que nous venons de citer, et le propriétaire n'y couvre pas toujours ses frais. Pareils terrains naturellement productifs, convertis en prairies, recevraient une destination plus utile.

PREMIÈRE CATÉGORIE.

Vins de Queyries.

1ers *Crûs.*

NOMS DES CRÛS.	NOMS DES PROPRIÉTAIRES.	PRODUITS MOYENS.	
Lambert.	De Reignac.	6 à	7 tx.
Brustis..	Archbold.	30	35
Farouil.	Bouthier..	16	18
Silvestre.	Galtier..	18	20
Jones.	Sarget..	10	12
Lacan.	Dasvin.	12	14
Pineau..	De Pineau.	30	35
Minvielle.	Trapaud de Colombe..	3	4

2mes *Crûs.*

Millas.	Blanc Dutrouil.. . . .	35	40
Lachabanne.	Hourquebie.	36	38
Peixotto.	Bosc	12	14
Luques.	Dutrouilh, médecin. .	20	22
Lauzac.	Faure.	22	25
Navarre.	Lalande.	6	7
Pêche.	Balguerie.	30	36
. . . .	Chapella..	15	20
. . . .	René.	20	24

DEUXIÈME CATÉGORIE.

Terrains d'Alluvions.

NOMS DES CRÛS.	NOMS DES PROPRIETAIRES.	PRODUITS MOYENS.	
Minvielle.	Trapaud de Colombe..	30 à	34 tx.
Pineau..	De Pineau.	20	25
Pleu.	Feaugas.	20	25
Béchade.	Bouthier.	20	25
Delezé.	Galtier..	20	25
Navarre.	Lalande.	14	16
Peixotto et Pignègue .	Bosc	26	28
Lacan.	Dasvin..	8	10
Pèche.	Balguerie.	16	18

DEUXIÈMES PALUS.

Montferrand et *Basseins*. Les vins de ces deux communes forment la seconde classe des vins de Palus, jadis très-demandés pour Saint-Domingue et pour les colonies; ils sont en général le produit des cépages connus sous le nom de *gros* et de *petit Verdot;* ils valent environ 40 à 60 francs de moins (le tonneau) que ceux des Queyries. Ils ont beaucoup de couleur et de corps; ils trouvent emploi dans les expéditions pour la Hollande ou pour le Nord, et dans celles pour les îles de France et Bourbon. Ils s'améliorent à la mer, et demandent lorsqu'on ne les embarque pas, six ou sept années de séjour en barrique avant d'être prêts à boire. Les principaux propriétaires sont :

A Montferrand,

Veuve Antony.	20 à	25 tx.
Audebert.	30	40
Vicomte d'Aurice.	50	60
Aymon.	20	30
De Baritaut.	40	60
De Brane.	50	60

Brannens, notaire	80	à 100 tx.
De Brivazac	50	60
Castaincau	40	50
Courtès	40	60
Hyacinte Devez	30	50
Drouillet de Sigalas	40	60
Théodore Dupuy	30	40
E. Duroy	50	70
Gagneron	60	80
Gonzalés	25	30
Gradis	80	100
Groulié	20	30
Lapeyre	40	60
De Lignac	35	40
Maccarthy	20	30
Maillère et Mories	100	150
Veuve Malescaut	25	40
Ch. Oldekop	30	40
Perrier	40	50
Comte de Peyronnet	110	140
Pilté-Grenet	20	25
Promis	120	140
Sonis	25	30

A Bassens (Palus),

Héritiers du général Avril	20	30
Bichon	35	40
Bordes	40	50
Chauvet	80	100
Cottineau	60	80
Daëne	25	30
Ferrière	25	30
Fieffé	30	40
Guillori	40	50
Heliès	35	40
Ladonne	50	70
De Monbrun Lavalette	38	35
Veuve Rodrigues	40	50

Les terrains de Bassens plus éloignés de la rivière donnent des vins de côtes estimés. Voici les noms des propriétaires de quelques vins des principaux domaines :

Basselère.	30 à	35 tx.
Mme de Conille.	60	70
Drouet.	50	60
Durand (Olivier).	50	60
Espinasse.	40	50
Fabre.	50	60
Guiraudin.	40	50
Lentz.	40	50
Majesté.	50	60
De Sarraud.	35	40
Sclafer.	30	35

TROISIÈMES PALUS.

Ambès.
Bouillac.
Camblanes.
Quinsac.
Les Valantons.
Saint-Gervais, (les premiers crûs de cette commune).
Bacalan.

Ils sont connus sous le nom de bon vins de cargaison ; ils possèdent de la force et de la couleur, mais plus de dureté ; ils conviennent pour les colonies et pour le Nord.

QUATRIÈMES PALUS.

Saint-Loubès.
La Tresne.
Macau.
Beautiran.
Ison.

Ils mûrissent plus rapidement que ceux dont nous venons de parler, et il en est qui peuvent au bout de quatre ans, être mis en bouteilles ; leur couleur est assez bonne et ils ne manquent pas de force, mais parfois il s'y rencontre un goût de terroir. Ils s'utilisent comme vins de cargaison et se répandent dans la consommation intérieure.

CINQUIÈMES PALUS.

Saint-Gervais.	Asque.
Cubzac.	L'île Saint-Georges.
Saint-Romain.	

Vins corsés et dont la couleur est assez bonne, mais communs et durs, et plus ou moins affectés de goût de terroir. La Bretagne et la Hollande les demandent; le nord de la France en reçoit aussi et les coupe avec des vins blancs.

Les communes suivantes sont situées entre les deux rivières, dans le canton du Carbon-Blanc; sans avoir la qualification d'Entre-deux-Mers, vu leur supériorité, ce ne sont cependant ni Palus, ni Côtes.

Les paroisses d'Ambarès et de la Grave, ont été réunies en 1817, en une seule commune; elles donnent des vins qui, récoltés dans une plaine graveleuse, ont une belle couleur et assez de corps. Voici les noms des principaux domaines: Belair, 40 à 50 tonneaux; Château-Formont, 30 à 35; le Tillac, 30 à 35. On range un peu au-dessous le château du Gua, 35 à 40 tonneaux; la Gorpe, 40 à 45; Terrasson, 35 à 40; le château de Saint-Denys, 50 à 60; Barrail, 40 à 45; Lousteau-Neuf, 30 à 40, etc. Production totale, 1,500 à 2,000 tonneaux.

Ste-Eulalie. (Ces vins sont plus colorés et plus vineux que les précédents.)

Dans les communes de St-Loubès, St-Sulpice-d'Ison, et Montussan, on trouve quelques crûs distingués; mais, en général, ils sont inférieurs à ceux dont je viens de parler.

VINS DE MÉDOC.

A deux lieues nord-ouest de Bordeaux est la commune de Blanquefort où commence le Médoc. Le Médoc est formé de cette partie du département qui se trouve entre la Gironde et le golfe de Gascogne. C'est une langue de terre qui s'avance au milieu des eaux; elle a la forme d'un cône renversé dont la base, en partant de Blanquefort, va se terminer à la Teste, et peut avoir 60 kilomètres de largeur.

Le Médoc n'offre qu'une vaste plaine, coupée vers le bord de la Gironde par des coteaux qui produisent les meilleurs vins. Ces coteaux sont couverts d'une terre légère, entremêlée d'un grand nombre de cailloux de forme ovale, de 3 cent. de diamètre, et d'un blanc grisâtre. A 60 ou 70 c. de profondeur on trouve une terre rouge, d'une espèce ferrugineuse, sèche et compacte, entremêlée de cailloux qui semblent y être identifiés. La seconde qualité du terrain des vignobles est un sable vif et graveleux. A 50 centimètres de la surface, on trouve, dans certaines parties, un fond argileux ou glaiseux; dans d'autres, un sable mort. Nulle part on ne rencontre un terrain plus varié dans la qualité et dans les productions. Les propriétés y sont toutes divisées. Les cinquante journaux de vignes d'un même propriétaire sont très-souvent enclavés, par petites parties, dans les cinquante journaux d'un autre particulier. Il y a des communes dont les produits fonciers sont très-abondants, tandis qu'à côté, on en voit de très-pauvres. Il n'est pas rare de voir, dans un même champ, des veines stériles à côté d'autres fort productives. Il en est de même de la qualité et de l'estimation des vins. Tel individu dont les vins sont rangés dans la première classe, renferme, dans une partie de ses vignes, des rayons qui appartiennent à un autre propriétaire dont les vins sont moins recherchés, quoique la nature du sol semble la même. La culture des vignes du Médoc diffère de celle qui est en usage dans les autres parties du département; nous sommes déjà entré dans des détails circonstanciés à cet égard. Bornons-nous à dire que l'arbuste est très-peu élevé; le pied n'a guère que 30 centimètres de hauteur. Il est soutenu par un piquet ou *carasson*. Des lattes de pin, de 2 1/2 à 3 1/2 mètres sont fixées latéralement sur ces piquets et forment une ligne continue d'un bout de sillon à l'autre. L'osier lie le pampre à la latte et au *carasson*. Alors la vigne ne présente qu'un espalier d'un demi-mètre de haut dans toute la longueur du sillon. Cette opération commence en décembre et finit fin février. Dès le mois de février, les bœufs donnent les quatre labours à la vigne (faire *les cabaillons* et *abriger*); mais comme la courbe ne peut entièrement dégager les pieds, qu'il faut user d'ailleurs de précaution pour ne pas arracher ou attaquer la racine, le vigneron passe après les bœufs pour déchausser le cep (tirer *les cabaillons.)* En juillet et août on épampre la vigne et on la relève, c'est-à-dire, qu'on dégage le cep et les grappes enfoncées dans la terre et qu'on assujettit aux échalats les pampres vineux que le poids des grappes en a détachés. Les vignes du Médoc sont, comme toutes les autres, exposées au gelées, aux brouillards et à tous les accidents qui frappent les autres vignobles, mais le plus redoutable dépend de la température de l'été. Lorsque la vigne est échappée à la rigueur de l'hiver, aux incertitudes du printemps et aux dangers des brouillards; lorsqu'enfin le cultivateur est à la veille de jouir de ses peines, et d'être affranchi de ses sollicitudes; si l'été est pluvieux, ou si, à l'époque des vendanges, les pluies font remonter la sève, il n'y a plus de proportions dans la qualité et dans le prix des vins, parce qu'ils n'ont plus ce bouquet, cette délicatesse et cette couleur qui les distinguent. Les vignes du Médoc ne produisent guère que 456 litres (un demi-tonneau) par 32 ares (un journal). Le terrain est maigre et aride. Les propriétaires, pour conserver aux vins leur réputation et leur qualité, sont assujettis à ne renouveler les pieds de vigne que par dixième. Il en est de même pour les engrais. S'ils agissaient différemment, les vins perdraient leur prix, parce que la vigne ne produit en effet des vins délicats, que lorsque ses racines ont pénétré assez profondément dans la terre, et lorsqu'elle a pris assez d'âge et de consistance pour contracter le goût du sol. Dans tous les vignobles du département qui ne sont pas des grands crûs, on spécule sur la quantité; dans le Médoc, au contraire, ce n'est que sur la qualité.

Le *Carmenet*, la *Carmenère*, le *Malbeck* et le *Verdot* sont les cépages généralement cultivés dans ces plaines du Médoc dont les produits jouissent d'une si haute réputation. Ces vins célèbres, parvenus à leur plus haut degré de qualité, doivent être pourvus d'une belle couleur, d'un bouquet qui participe de la violette, de beaucoup de finesse et d'une saveur extrêmement agréable; ils doivent avoir de la force sans être capiteux, ranimer l'estomac en respectant la tête, en laissant l'haleine pure et la bouche fraîche. Le transport par mer, écueil ordinaire de plusieurs des meilleurs vins de France, n'altère point la qualité des vins fins du département de la Gironde; il contribue, au contraire, à améliorer ceux qui, dans le principe, sont d'une classe inférieure. Les vins de Médoc ont toutefois leurs défauts, dont le plus grand, sans doute, est d'être de peu de durée; ils tendent à leur décomposition après la sixième et septième années; cependant cette règle souffre beaucoup d'exceptions, puisque certains crûs se conservent au-delà de douze ans.

Les frais de culture d'un *Prix-fait* (1) de vignes dans la commune de Soussans peuvent se calculer comme suit :

AVANCES ANNUELLES.

Pour la main-d'œuvre d'un prix-fait (2).......		126f	»c
»	7,000 carassons. à 7f 50c le millier.	52	50
»	12 gerbes de vîmes » 3 50 la gerbe..	42	
»	12 dito de plians » 1 50 dito....	18	
»	4,000 lattes...... » 22 » le millier.	88	
»	4 façons de labour, à 12 c. $^1/_2$ les 100 pieds de vigne (24 mille)..........	120	
	Transporter..	446f	50c

(1) On compte en Médoc par prix-fait; il est composé de huit journaux; le journal (32 ares) contient trois mille pieds de vigne.

(2) Le vigneron reçoit quarante-deux écus par tiers : les premiers quarante-deux francs, au moment où il commence à tailler la vigne; les seconds, aussitôt que la taille est finie; et les troisièmes, lorsque la vigne est entièrement arrangée et prête à recevoir le labour des bœufs. Pour ces cent vingt-six francs, (terme moyen; certains propriétaires paient jusqu'à 150 fr.), le vigneron ou *prix-faiteur* est obligé de *tirer les cabaillons*, c'est-à-dire, ôter la terre que la charrue laisse au pied de la vigne. Il jouit d'un logement, d'un jardin, et de quelques autres avantages. A l'exception de la taille, du *paulage* ou échalassement, du *pliage* et du *maillage* (ligature avec l'osier, du sarment au piquet et à la latte), tous les frais sont à la charge du propriétaire; ils varient suivant les localités.

Transport de ci-contre......	446f	50c
Pour Fumer, par an, 2,000 pieds de vigne, à 9 fr. le milllier........ 18 fr. » 15 charretées de fumier, à 7 f. la charretée (1)........... 105	123	»
» 50 journées à tirer le chiendent (herbe), etc., à 10 sols la journée..............	25	»
» 50 journées à tirer les escargots et écheniller la vigne, à 10 sols lr journée..	25	»
» Relever et épamprer la vigne et pour déchausser le verjus 200 journées, à 10 sols la journée	100	»
» Le transport des œuvres, le prix-fait....	100	»
» Frais de vendange, le prix-fait.........	50	»
» 24 barriques, à 60 écus la douzaine (2).	360	»
» Le transport des barriques..............	9	»
» Le rebattage des vaisseaux vinaires......	15	»
» Les impositions.........................	50	»
» Transporter 24 barriques de vin du cellier au bateau, à 2 fr. les 4 barriques.	12	»
» Le transport à Bordeaux, à 2 fr. 25 c. les 4 barriques	13	50
» Un pot de vin aux matelots par tonneau, à 1 fr. le pot, 6 pots..........	6	»
» Pour le conducteur qui accompagne le vin à Bordeaux........................	3	»
Transporter........	1338f	»c

(1) Il y a des endroits du département où la charette de fumier s'est payée jusqu'à 14 fr., tandis que dans d'autres elle ne vaut que 4 fr.

(2) Prix qui varie souvent d'une manière sensible d'une année à l'autre; on l'a vu à 40 et à 65 écus.

Transport d'autre part........	1338f	»c
Pour le courtage, à raison de 500 fr. le tonneau, à 2 p. cent....................	60	»
» L'escompte à 3 p. cent de 3,000 fr......	90	»
» L'entretien des clôtures et autres cas imprévus..................................	25	»
Total..........	1,513f	»

PRODUIT BRUT.

Le prix moyen de 912 litres (un tonneau) de vin est de 500 francs : le prix-fait produit, récolte moyenne, 54 hectolitres 72 litres (6 tonneaux) de vin.... 3,000f »c

PARTAGE DE CE PRODUIT BRUT.

1° Pour les avances annuelles..	1,513f	»c			
2° » Les intérêts des avances annuelles à 5 p. cent.	75	65			
3° » Le renouvellement de la vigne et la privation du revenu..........	200	»			
4° » Indemnité des pertes causées par la grêle, la gelée, etc., le 20me du produit brut....	150	»			
			1,938	65	
Produit net d'un prix-fait ou 8 journaux..			1,061f	35c	

BLANQUEFORT.

Cette commune, qui fait partie du Médoc, est éloignée de 10 kilomètres de Bordeaux, vers le couchant; elle est bornée au nord par les paroisses du Pian et de Parampuyre ; au sud par les communes de Bruges et d'Eysines ; à l'ouest par celle du Taillan, et à l'est par la Garonne qui reçoit le ruisseau de la Jalle, dont les eaux arrosent la partie méridionale de cette commune. Le sol est un fond de grave rouge et blanche mêlé en quelques endroits d'argile et de sable.

Blanquefort produit à peu près 1,000 à 1,200 tonneaux de vin, dont 350 à 500 de vins blancs connus sous la dénomination de vins blancs de Graves. Ils sont généralement très-bons, secs et agréables, et ne manquent point de feu ou de montant ; les consommateurs du Nord en font grand cas parce qu'ils y trouvent réunis le moelleux, l'agrément, avec plus de corps que n'en possèdent les autres vins blancs de Graves. Le premier crû de cette commune est celui de Dariste, connu autrefois sous le nom de Dulamon. Les vins rouges sont d'une qualité intermédiaire : la plupart sont exempts du goût de terroir qui domine dans quelques vins de Côtes et de Bas-fonds. Ils ont une belle couleur et un bouquet qui se développe tard, et d'une manière bien prononcée, après quelque temps de bouteille. On les exportait autrefois en Amérique, surtout lorsqu'ils avaient deux ou trois ans ; maintenant on les envoie dans le nord, où ils sont appréciés.

1995 hab. — 1000 à 1200 ton. de vin. — 8 kil. de Bord^x^.

(Disons une fois pour toutes que dans la liste qui va suivre et dans celles qui concerneront les autres communes, la première colonne désigne les noms des domaines ou de leurs anciens propriétaires, et quelquefois ceux des localités où ils sont placés ; la seconde colonne fait connaître les noms des propriétaires actuels ; la troisième indique la quantité de tonneaux recueillie, année commune, sur chaque bien.)

Dulamon.	Dariste.	90	à 120 tx.
Davin, à Belair. . . .	Davin, de Boismarin..	25	30
Lagoublaye.	D'Albessat.	18	25
Morian.	Degrange-Touzin. . .	18	25
Olivier..	Ahuart..	18	20
Chât. St-Ahon, Cachac	De Matha.	40	50
Badin.	Badin.	18	25
Linas.	Mme de Lavaissière. .	20	25
Le Taillan.	Igonet	10	15
Terrefort.	Seignoret.	20	25
Monteuil.	Héritiers Monteuil.. .	25	30
Cachac.	Fery (Antoine).. . . .	10	15
Id..	Fery (Jean).	10	15
Réau.	Brannens.	15	20
Laubarède..	Vignes..	20	25
Duportail.	Courrejolles.	12	18
Linas.	Portal.	30	40
Cholet..	Pelletreau.	30	40
Id..	Boulac.	10	15
Muratel.	Declouet..	35	45
Larivière.	Tastet..	10	15
Salesse.	Duval.	20	30
Domaine de Mataplan.	Dillingham.	20	25
Vendure..	Aquart.	15	18
Cambon.	Cambon.	12	18
Dutesat.	Héritiers Changeur. .	40	50
Taveau.	Clossmann..	18	20
Bonnard..	Bonnard..	10	15
Lafargue.	Teyssié.	18	25
Palu de Blanquefort. .	Grimail.	20	25
Palu de Larivière. . .	Portal.	7	10
Divers petits propriét.	. . . .	200	240

Le crû Dariste donne 25 à 30 tonneaux de vin blanc et le château Saint-Ahon, 8 à 10; Monteuil, 20 à 25; Cholet, 7 ou 8; Linas, 5 ou 6.

LUDON.

Cette commune, à 8 kilomètres de Blanquefort et à 25 de Castelnau, est aussi dans le territoire Médoquain. Elle est bornée au nord par Macau ; au sud par Parampuyre ; à l'est par la Garonne, et à l'ouest par la paroisse du Pian.

Elle ne produit que des vins rouges d'une bonne qualité. Ils ont plus de couleur et plus de sève que ceux de Macau, et ils l'emportent de beaucoup sur ceux de Blanquefort de la même couleur. Cette supériorité s'explique par la nature du terrain qui est plus généralement graveleux, bien qu'on y trouve aussi, mais en moindre étendue, des marais et des palus. La Hollande fait grand cas de ces vins, parce qu'elle y trouve réunies les qualités qu'elle désire particulièrement rencontrer dans les vins qu'elle consomme, c'est-à-dire, la couleur, le moelleux et le goût aromatique, et parce qu'ils sont en outre presque toujours sans *verdeur*, ce qui, pour les gourmets d'Amsterdam, est un défaut qu'aucune autre qualité ne saurait racheter. A six ou sept ans, ces vins se sont assez développés pour pouvoir être mis en bouteille.

Dans les temps de la féodalité, le seigneur de Ludon possédait seul le privilége d'embarquer ses denrées au port de Ludon ; les *vilains* étaient forcés de se rendre à Macau pour charger les leurs.

1070 hab.—350 à 500 ton. de vin.—12 k. de Bordeaux.

La Lagune.	Mme veuve Jouffrey. .	40 à	50 tx.
La Taste.	Laffitte.	10	15
Le Moine.	Barincou.	15	20
Id.	Lafon Rochet.	15	20
Village de Lafon. . .	Bethmann.	20	25

Château d'Agassac.. .	Castera.	150 à	160 tx.
Paloumey.	Aguirre Vengoa et Uri-	25	30
Aiguelongue.	*Id.* . . . . .baren..	15	20
Rigue Nègre..	*Id.*	10	12
Bouscarrut.	*Id.*	10	12
Au bourg.	Mme veuve de Bacalan.	20	30
D'Arches.	Hemon.	18	25

LE TAILLAN.

Cette commune du Médoc est située à l'ouest de celle de Blanquefort, au nord de celles d'Eysines et de Sainte-Christine, et à l'est de celles de Saint-Aubin et de Saint-Médard : elle est bornée au nord par des Landes. Le Taillan produit, récolte moyenne, environ 600 à 800 tonneaux de vin rouge, et 150 à 200 tonneaux de vin blanc. Les vins rouges ne manquent ni de légéreté ni de délicatesse, mais ils ne se placent pas au-delà du rang des vins communs du Médoc. Comme le terrain du *Haut-Taillan* est très-pierreux, plusieurs propriétaires y avaient planté des vignes blanches d'un cépage de choix, et avaient obtenu un résultat très-avantageux; mais le placement des vins blancs étant devenu difficile, ce genre de culture a été presque complètement abandonné.

980 hab. — 500 à 700 ton. de vin. — 8 kil. de Bordeaux.

Château du Taillan. .	Marquis de Bryas. . .	150 à	180 tx.
Domaine de Busagaïs.	Veuve Lapène.	80	100
La Gorce.	Igonet..	30	40
L'Allemagne.	Michau.	10	12
Taillan.	Veuve Janesse.. . . .	30	40
Germinan.	B. Curé.	35	40
Id	Réglade.	20	25
La Gorce.	Genouilhac.	15	20
Id.	Maubourguet.	10	15

Le Taillan.	F. Guestier.	15 à	20 tx.
Germinan.	Redon.	15	20
Id.	Serveau.	10	15
Au Bourg.	Peixotto.	10	15

LE PIAN.

Cette commune est limitée au levant, par Ludon; au midi, par St-Ahon; au nord, par Arsac; et au couchant, par des Landes.

Le Pian fournit des vins d'une bonne qualité et qui approchent beaucoup de ceux de Ludon. Les propriétaires de cette commune les expédient presque tous les ans pour la Hollande, où ils sont connus et se vendent sous le nom de *vins de Ludon*. Les vignobles se trouvent sur le plateau graveleux qui forme la partie supérieure de cette commune.

695 hab. — 300 à 400 ton. de vin. — 12 k. de Bordeaux.

Château de Senejac. .	Roques.	30 à	50 tx.
Basserot.	Sicard.	20	30
Mussinot.	Monnier.	80	120
Gaube.	Poujaux.	12	15
Lamouroux.	De Maignol, curé. . .	15	20
Lettu.	Lettu.	15	20
De Bacalan.	Veuve de Bacalan. . .	15	20
Louens.	Miramon.	8	10

PAREMPUYRE.

Cette commune est limitée au sud par Blanquefort; à l'est par la Garonne; au nord par Ludon, et à l'ouest par le Pian. Son territoire comprend des palus et de bonnes graves. Il donne des vins estimés en Hollande.

692 hab. — 200 à 250 ton. de vin. — 12 k. de Bordeaux.

Graves.

Chât. de Parempuyre.	De Pichon.	20 à	25 tx.
Le Vigneau.	Veuve Boch de Tauzia	12	15
Ci-devant Ch. Segur. .	Gueyraud.	18	20
Lilot..	Veuve Rondeau. . . .	8	10
L'île d'Arés.	Destanque.	10	12

Palus.

Latouret.	Yvoy.	20	25
Bordes..	Veuve Boch de Tauzia	12	15
Mossac.	Révi	12	15
Cadillac.	Boissiere.	20	25

ARSAC.

La commune d'Arsac est bornée à l'est, par celles de Macau et de Labarde ; au nord, par celles de Cantenac et d'Avensan ; au sud, par celle du Pian ; et à l'ouest, par des Landes.

Elle produit des vins qui ressemblent beaucoup à ceux de Cantenac ; ils ont une belle couleur, du corps et un joli bouquet.

662 hab. — 200 à 300 ton. de vin. — 18 k. de Bordeaux.

Le Tertre, ch. Brezets	Henry..	60 à	70 tx.
Baury.	Desmirail.	30	40
Brown..	Fruitier (C.ie parisienne)..	30	40
Monbrison..	De Monbrison.	20	30
Château d'Arsac.. . . .	Héritiers Rubichon. .	30	40
Monpontet.	Chappaz.	12	15
Deyrem et le Poujaux	Promis.	20	25
Bel-Air.	Hosten, de Macau. . .	12	15
Lambale..	Lambale..	18	24

Ligondra	Dubos, tuillier. . . .	15 à	20 tx.
Id.	Blanchard.	15	20
Id.	Rd Dubos.	7	10
Canteloup.	Dutruch.	12	15
Au Gravey	Baziadoly (P.).	10	12
Guiton.	Baziadoly.	10	12
Au Bourg.	Baziadoly, fils aîné. .	12	15

MACAU.

Cette commune médoquine est située dans une plaine dont les deux tiers sont en *graves* et l'autre tiers en palus. Elle est bornée au nord et à l'est par la Garonne et la Gironde; au sud par la paroisse de Ludon, et au couchant par celle de Labarde.

Le vin qu'elle produit n'est ni aussi agréable au goût ni aussi moelleux que celui de Ludon. Il a moins de sève que celui de Labarde. Il est pourvu d'une plus forte couleur et il a du corps; aussi s'en sert-on assez souvent pour couper des vins maigres et faibles, afin de donner à ceux-ci la consistance qui leur manque. La rudesse qui, dans les années peu réussies, domine dans les vins de Macau les déprécie en Hollande, pays qui recherche les vins moelleux. Macau récolte, année commune, de 700 à 800 tonneaux de vins rouges de Graves et environ 2,000 tonneaux de vins de Palus; il va sans dire que ceux-ci sont très inférieurs aux premiers. Les produits des Palus sont chanceux. Ces terrains bas, constamment humectés durant la mauvaise saison, attirent les gelées du printemps. Lorsque les vins des Palus de Macau réunissent la fermeté à la couleur et au corps, ils supportent fort bien la mer;

on les connaît sous la dénomination de vins de cargaison.

1582 h.—2500 à 2800 tx de vin.—16 kil. de Bordeaux

La Houringue.	Duteau Burke.	56 à	60 tx.
Cantemerle.	Baron de Villeneuve Durfort (1)	120	130
La Pelouse..	Cambon.	50	60
Lassus..	Duranteau..	60 à	70
Preban.	Chadeuilh..	40	50
Bellisle.	H. Guischard.	35	45
Gironville.	Dufour Dubergier . .	60	80
Labèche..	Irigoyen..	10	12
Maucamp.	Aguira Vengoa. . . .	80	90
Bern	Dugravié.	35	45
N.	Altié, jeune..	30	40
Guitaut.	Boutet..	30	40
Guillotin.	De Massep..	20	25
Au moulin de Dumey.	Altié, boulanger.. . .	30	35
Aux trois moulins.. .	Capseq, forgeron. . .	10	12
Au Bourg.	Cannes, ainé.	10	15
Id.	Veuve Hochis.	12	15
Id.	Alin.	10	15
Id.	Dugravey.	10	12
Id.	Veuve Champs.. . . .	10	12

(1) Nos lecteurs trouveront sans doute ici avec plaisir quelques détails intéressants relatifs à ce crû renommé.

La terre de Cantemerle est située partie dans la commune de Ludon et partie dans celle de Macau. Elle comprend dans son étendue une vaste couche de cailloux roulés dont le gisement est d'une élévation remarquable et d'une heureuse exposition. C'est à cette circonstance, ainsi qu'à la combinaison bien entendue des meilleurs cépages et à des procédés particuliers de vinification transmis, dit-on, de génération en génération à ses possesseurs, qu'on attribue la supériorité non contestée de ses vins sur les produits analogues des vignobles environnants. Une de leurs qualités bien reconnues est de supporter merveilleusement l'épreuve des longs voyages et des années.

Depuis un temps immémorial, la totalité de la récolte de Cantemerle est expédiée en Hollande par le propriétaire et pour son

Les Palus de Macau renferment des propriétés considérables et peuvent donner de 1000 à 1500 tonneaux de vin; les Palus de Ludon fournissent de 400 à 500 tx.

LABARDE.

Cette petite commune, dépendante du Médoc, est bornée au nord par celle de Cantenac; au midi et à l'est, par Macau et ses dépendances, et à l'ouest, par Arsac. Elle ne renferme qu'un petit nombre de propriétés.

Son territoire, où dominent généralement les graves et le sable, produit un vin supérieur à celui de Macau. Il se fait remarquer par le corps, la couleur, et le bouquet. Il a de la séve et devient moelleux en vieillissant.

231 hab. — 250 à 400 ton. — 17 kil. de Bordeaux.

Giscoux.	Promis.	50 à	60 tx.
Faget.	Geneste.	45	50
Bellegarde..	Chevalier de Lynch. .	50	60
Bourgade.	De Lachapelle.. . . .	15	20
Château Siran	Comtesse de Lautrec .	40	45
Risteau.	Dubignon.	15	20
Deyrem.	Capbern	15	20

compte. Dans le siècle dernier, les premières ventes en étaient faites par la maison Couderc, d'Amsterdam. Dans un temps plus rapproché, la réalisation des vins de Cantemerle fut confiée aux honorables maisons Lepel et Labouchère et Luden et Poël; enfin, depuis plusieurs années, ils sont consignés à MM. Van der Kun et Van Schelle, de Rotterdam.

La terre de Cantemerle a toujours été une propriété de la famille de Villeneuve-Durfort. Dès le quinzième siècle, elle avait pour possesseur Jean de Villeneuve, président au parlement de Bordeaux, baron seigneur de Macau et de Ludon dehors. Elle n'a jamais été divisée et aucune parcelle n'en a été distraite. La production moyenne de Cantemerle est de 120 à 130 tonneaux, non compris 10 tonneaux de 2e vin et 12 tonneaux de vin de presse, qui sont vendus sur place pour la consommation du pays.

Divers petits propriétaires récoltent chacun de deux barriques jusqu'à trois tonneaux de vin; il se vend un tiers de meilleur marché que les petits bourgeois.

CANTENAC.

Cette commune, si remarquable par l'excellence de ses vins, est bornée au nord par celle de Margaux; au midi, par la commune d'Arsac; à l'est, par la Gironde et la paroisse de Labarde, et à l'ouest, par celle d'Avensan. Sol de très-bonne grave, fort caillouteuse.

Ses vins sont d'un goût exquis; aussi sont-ils considérés comme rivalisant avec ceux des meilleures communes du Médoc, quant au bouquet et au moelleux qui les distinguent particulièrement; ils ont en outre de la couleur, du corps, et sont agréablement aromatisés.

824 hab. — 1,000 à 1,200 ton. — 19 kil. de Bordeaux.

Branne Cantenac . . .	Le baron de Branne .	50 à	60 tx.
Kirwan.	Deschryver.	30	40
Château d'Issan . . .	Justin Duluc	60	70
Palmer.	Administration de la Caisse hypothécaire	80	100
Boys	Fruitier.	60	65
Pouget	Vicomte de Lasalle. .	10	15
Pouget	De Chavaille	15	20
Le Prieuré	Pagès.	15	20
Martinens.	Cenac de Laforest . .	40	50
Pontac	De Bouran.	30	35
Anglades Legras . . .	Roborel, Lamorère, et autres		
Jeanfort	Gondat aîné	12	15
Id.	Marian	10	12
Id.	Blanchard	5	7

Au Bourg.	Chartron	10 à	12 tx.
Id.	Guillot	5	7
Id.	Mariot aîné.	10	12
Id.	Eyquem	6	8
Id.	Bacquey	5	6
Port-Aubin	Le comte de Marolles.	150	200

MARGAUX.

Cette commune dont le nom est si célèbre, est bordée au nord par celle de Soussans ; au midi, par celle de Cantenac ; à l'ouest, par celle d'Avensan ; et à l'est, par la Gironde. Elle avait autrefois un port que les attérissements du fleuve ont comblé.

Son terroir est graveleux et entremêlé d'un grand nombre de cailloux ; le sol présente une couche caillouteuse dont l'épaisseur fort inégale n'est parfois que de quelques centimètres et tantôt de 10 à 12 mètres. Elle est très mince sur un grand nombre de points, où elle se confond avec l'alios, elle acquiert sa plus grande puissance au voisinage de la rivière. Il produit les vins les plus estimés de la contrée. C'est dans cette commune qu'on trouve le fameux premier crû si connu sous le nom de *Château-Margaux*. On y récolte, année commune, sur 216 journaux de terrain, environ cent tonneaux de vin, dont quatre-vingts de première qualité, et le reste se classe dans la deuxième. Ces vins, parvenus à leur degré de maturité et d'une année dont la température a été favorable à la vigne, sont pourvus de beaucoup de finesse, d'une belle couleur et d'un bouquet très-suave qui embaume la bouche ; ils ont de la force sans être fumeux ; ils raniment l'estomac en respectant la tête, ils laissent l'haleine pure et la bouche fraîche. Leur réputation est européenne ; ils sont surtout très-recherchés en Angleterre où ils jouissent d'une préférence marquée. Au bout de quatre ans et demi à cinq ans ils sont bons à être mis en bouteilles.

1034 hab. — 1000 à 1200 tx. de vin. — 21 k. de Bord^x.

Château Margaux. . .	Aguado.	100 à	110 tx.
Rauzan Rauzan. . . .	De Segla	40	50
Rauzan Gassies. . . .	De Puyboreau.	30	40
Lascombe	Hue.	8	12
Durefort	Vicomte de Vivens . .	40	50
Malescot	C^esse de St-Exupéry.	30	40
Lacolonie.	Leboult.	20	30
Desmirail.	Desmirail.	15	20
Ferrière	Yanck Ferrière. . . .	18	20
Becker	Rolland.	4	6
Au Bourg.	Dubignon (J.-M.) . .	6	8
Id.	Dubignon (Philippe).	15	20
A Jean Brun	Deyrie	10	12
Solberg.	Mac-Daniel.	20	25
Gorse.	Veuve de Gorse. . . .	25	30
Lanoire.	Lanoire.	20	25
Weltener.	Vastapany	45	50
Au Bourg.	Feuillebois	4	5
A Doumens.	Danglade.	15	20
Au Bourg.	Dugravey.	10	15
Id.	Cadillon.	15	20
Id.	Chappaz	15	20
Id.	Eyquem	15	20
Seguin	Micau.	20	25
Id.	Juillat (Guillaume). .	8	10
Id.	Divers propriétaires .	70	90

SOUSSANS.

Cette commune est bornée, au nord, par celle d'Arcins; au sud, par celle de Margaux; au couchant, par celle d'Avensan, et au levant, par la Gironde.

Cette dépendance du Médoc, quoique très voisine de Margaux, produit généralement des vins qui ne jouissent pas de la haute célébrité de cette dernière commune. A la vérité, son terrain est moins favorable à la culture de la vigne. Les vins qui s'y récoltent ont une belle couleur, de la force et une très bonne séve, mais un peu de dureté qui empêche le développement de leurs qualités avant la sixième année. Le nord tire beaucoup de ces vins. La Hollande les recherche de son côté; le transport par mer leur fait du bien.

893 hab. — 800 à 1000 ton. de vin. — 24 k. de Bord^{x}.

Château de Paveil. . .	Minvielle.	50 à	60 tx.
Château Bel-Air . . .	Marquis d'Aligre . . .	50	60
Capelle, ci-devant abbé Gorse.	Vastapani	25	30
De Gorse.	Veuve de Gorse . . .	15	18
Van Beynum. . . .	Brun	15	18
Larigaudière, ci-devant Deyrem. . . .	Larigaudière	50	60
Ci-devant P^{t} Barbot. .	Mme Zidé	35	40
Toujague.	Clément Gauteyron .	15	20
Rambaud-Siamoy . .	Rambaud.	25	30
Deyrem.	Deyrem (Valentin) .	20	25
Chât. Latour-de-Mons.	Hérit. de Mme la marquise de Mons . . .	80	100
Maucaillou	P^{re} Dupuy (maire). .	25	30
Seguineau-Dayrier. .	Dayrier.	40	45
Ci-dev. Deyrem, grand Soussans	Champes	25	30
A Maucaillou	R^{d} Maurin	10	15
A Vire-Fougasse . . .	Douat.	10	15
Au Taillac	Holagray.	30	35
A Marsac.	Morin (Jean).	12	14
Id.	Douat Jacquelin . . .	15	18

A Barsac.	Jean Miqueau.	15 à	18 tx.
Id.	Saintout (Vivien) . .	10	12
Palus de Meyre. . . .	Couput	20	30
Id. de la Reyne . .	Sabetout	25	30

AVENSAN.

La commune d'Avensan est bornée au nord par celle de Moulis; au couchant, par celle de Castelnau; au levant, par celle de Margaux; et au sud, par des landes. Ses vins ont beaucoup de rapprochement avec ceux de Moulis, dont je parlerai ci-après; ils ont de la couleur, du corps et un joli bouquet. Ils se mettent en bouteilles après cinq ou six ans. Bien que d'une vaste étendue, Avensan ne voit qu'une petite partie de son sol consacré à la culture de la vigne, et dans quelques propriétés, les vignobles ont été négligés ou abandonnés.

1039 hab. — 250 à 325 ton. de vin. — 24 kil. de Bord$_x$.

Château Citran. . . .	Boyrie.	100 à	120 tx.
Laudère.	A divers	30	40
Martreau.	Estève.	20	25
La Cure.	Dufresne	20	25
Divers petits propriét.	. . . .	80	100

CASTELNAU.

Le territoire de Castelnau est limité à l'est par celui d'Avensan; au nord, par celui de Moulis; à l'ouest et au midi, par des landes.

Cette commune, quoique située derrière celle de Margaux, une des meilleures du Médoc, ne produit en grande partie que des vins d'une qualité très-médiocre; ils sont en général un peu plats et sans bouquet. Quelques propriétés contiguës aux communes de Listrac et de Moulis donnent cependant des produits d'un mérite véritable.

1211 hab.—300 à 400 ton. de vin.—24 k. de Bordeaux.

Rejaumont.	Chatau.	40 à	50 tx.
Damas.	Damas junior.	10	15
Saint-Guirons.	Saint-Guirons.	15	25
Bergeron.	Bergeron (Pierre). . .	15	18
N.	Gontier Lalande . . .	15	20
N.	Larigaudière.	15	20
Soret.	Soret.	20	25
Videau.	Videau (Louis). . . .	10	12
De Laroze.	De Laroze (Pierre). .	10	12
Marcou.	Mme Marcou.	12	15
Galand.	Galand.	10	12
Divers petits propriét.	. . . .	120	160

MOULIS.

Cette commune du Médoc confine, au nord, à celle de Listrac; à l'est, à celle d'Arcins; au midi, à celle d'Avensan; et à l'ouest, à des landes. Elle fournit des vins qui ont du corps, une belle couleur et du bouquet; on les expédie généralement pour le nord. Son terrain présente ici un sol argilo-marneux, là des terres graveleuses plantées de vignobles à tiges basses, labourées à la charrue.

910 hab. — 400 à 500 tx. de vin. — 26 kil. de Bordeaux.

Château Poujeaux. . .	Castaing.	120 à	130 tx.
Au grand Poujeaux.	Héritiers Gressier. . .	30	40
Brillette.	Dupérier de Larsan. .	25	30
Mauvezin.	Leblanc de Mauvezin.	60	80

Au grand Poujeaux. .	Veuve de Mac Carthy.	25 à	35 tx.
Bislon.	Menessier.	18	25
Cattebois.	Castaing.	30	40
Puy de Minson. . . .	Hugon.	15	20
Au grand Poujeaux. .	Ducasse, forgeron. . .	15	20
Id.	Héritiers Franquet. . .	60	90
Au bourg.	Bergeron, dit Jeantille	15	20
A Ruat.	Menessier.	40	50
Lousteau-Neuf	Lamorelle aîné. . . .	10	15
Id.	Lamorelle jeune. . . .	10	15
A Marmiton	Astieu.	15	20
A Rouqueyran.	Carrère.	18	25
Château de Plessis. . .	Fabre.	20	30
Au grand Poujeaux. .	Jean Lestage.	15	20

LISTRAC.

Cette commune, placée derrière celle de Lamarque, est bornée au nord par l'arrondissement de Lesparre ; à l'est, par les communes de Lamarque et d'Arcins ; au midi, par celle de Moulis ; et à l'ouest, par des landes. Elle produit des vins qui réunissent à peu près les qualités de ceux de Moulis ; ils ne manquent pas de force ; ils ont de la couleur et quelque bouquet, mais ils ne sont pas exempts de dureté. Ce défaut diminue en naviguant, aussi conviennent-ils à la Hollande et au nord de l'Europe.

1727 hab. — 600 à 800 tx de vin. — 28 kil. de Bordeaux.

Lestage.	Saint-Guirous	80 à	100 tx.
Ducluseau	Ducluseau	30	36
Hosten	Bernard de S.-Afrique	60	80
Labeurthe	*Id.*	70	80
Font Reau.	Leblanc de Mauvesin.	100	120
Puy de Menjon	Ed. Bourgade.	25	30

Bonnet.	Bonnet.	35 à	40 tx.
Clark.	Saint-Guirons.	60	80
Chautard.	Cascau.	15	20
Crû Roullet.	Dupré.	25	30
Lebré, curé.	Lebré.	20	25
Magné..	Veuve Magné.	10	15
Au Bourg.	Lebré neveu, retraité.	10	15
Crû Neyrin.	Héritiers Domecq. . .	15	20
Id.	Birac.	12	15
Louisot.	Raymond Louisot. . .	15	20
Au Bourg.	Raymond Couleu aîné	20	25
Id.	Raymond (Jean). . . .	10	12

ARCINS.

Cette commune est separée au midi de celle de Soussans par un marais qui a 800 mètres de largeur; au nord, elle est limitée par la commune de Lamarque; à l'ouest, par celles de Moulis et de Listrac; et à l'est, par la Gironde.

Les vins d'Arcins ont moins de dureté que ceux récoltés dans les vignobles de Soussans, mais aussi ils ne possèdent ni autant de couleur, ni un aussi beau bouquet. Les meilleurs produits de cette commune sont ceux du village de Poujan.

348 hab. — 400 à 500 ton. de vin. — 26 kil. de Bordeaux.

Château d'Arcins. . .	Subercazeaux.	150 à	180 tx.
Malescot..	*Id.*	70	75
Larac de Porges . . .	Mlle Arnauld.	75	80
Crû de Bareyre. . . .	Dupérier de Larsan, TIM	30	40
Crû de Tramont. . . .	Mlle Baron	18	20
Au Bourg...	Robert	10	12
Id.	E. Bosc.	12	15
Id.	Rd Renaud et Lartigue.	25	30

Au Bourg.	Benet jeune.	15	à	20 tx.
Id. . . . . , . . .	Renouil (Pierre). . . .	23		30
Id.	Baziadolet (Noulhac).	15		20
Id.	Despagne (Pierre).. .	18		20

LAMARQUE.

La commune de Lamarque occupe le centre du Haut-Médoc ; elle est bordée au levant par la Gironde, elle confine au couchant à la commune de Listrac, au nord à celle de Cussac, et au midi à celle d'Arcins.

Les vins qu'elle fournit participent des qualités de ceux d'Arcins ; ils ont pourtant plus de moëlleux et une plus belle couleur. Le nord reçoit la majeure partie de ces vins qui sont légers et aromatisés. Le sol offre une grave reposant presque toujours sur l'alios.

840 hab. — 700 à 800 ton. de vin. — 28 kil. de Bordeaux.

Pigneguy Mercadier. .	Pigneguy.	60	à	70 tx.
Bergeron.	Bergeron.	100		130
Château Lamarque. .	Comte de Fumel. . .	40		50
Le Cartillon.	Bethmann..	80		90
Lafon, au Bourg. . .	Capdeville..	15		20
N. id.	Veuve Rosset.	20		25
N. id.	Feuilletin.	40		50
Roussel, et Brassié. .	Veuve Renouil et fils..	20		25
A. Balenotte.	Meyres.	12		15
Au Bourg.	Bergeron.	12		15
Id.	Soustrac.	12		15
Id.	Bacquey (N.).	12		15
Id.	Saintou.	12		15
Id.	Calincel.	12		15
Id.	Eyrem.	10		12
Id.	Barbier père.	10		12
Id.	Nouet.	10		12

CUSSAC.

Cette commune du Médoc est bornée au nord et à l'ouest, par l'arrondissement de Lesparre; au sud, par la commune de Lamarque, et à l'est, par la Gironde.

La paroisse de Saint-Gemme a été annexée à celle de Cussac et toutes les deux ne forment à présent qu'une commune. Elle produit des vins que l'on juge supérieurs à ceux de Lamarque; ils sont plus aromatisés, plus moëlleux, et ils ont plus de force. Il convient de les garder, les uns et les autres, six ans en barriques pour qu'ils aient acquis tout leur développement et pour qu'ils puissent être mis en bouteilles.

1044 hab.—800 à 1000 ton. de vin.—29 k. de Bordeaux.

Lamothe.	Veuve Bergeron. . . .	45 à	50 tx.
Baumont.	Marquis d'Aligre. . .	70	100
Bernones.	Boué.	50	70
Ci-devant Legraët. . .	Martin (Pierre). . . .	40	60
Romefort.	Mariau.	40	50
Ci-devant Salva. . . .	Em. Perez de Camino.	20	30
Sainte-Gemme. . . .	Phelan..	100	150
Lannessan.	L. Delbos	100	150
Ci-devant.	Renouil (Raymond).	20	30
Du village de Monnin.	Bensac (Mathieu). . .	20	30
Id.	Giraud.	18	20
A Gaston.	Lambert.	15	20
Id.	Audoin.	15	20
A Monnin.	Bosq (And.), forgeron.	15	20
Id.	Bousquet.	12	15
Au Bourg.	Bernard (Dubosq). .	12	15
Au Goua.	Giraudin.	12	15
Aux Martins.	Bertrand (Arnaud). .	12	15
Au Goua.	Roux.	10	12
Id..	Bensac.	10	12
A Monnin.	Lartigue.	10	12
A Jacques.	Prévost.	10	12

VINS ROUGES DE GRAVES.

On nomme ainsi les vins qui se récoltent sur les terrains graveleux qui s'étendent depuis Bordeaux, jusqu'à environ 12 kil. au sud, et 8 kil. à l'ouest de la ville.

Les vignobles qui produisent ces vins réussissent surtout dans les fonds restés en jachères et dans ceux que l'on a souvent fumés afin de leur demander des fourrages et des grains ; d'ordinaire on prépare le sol par de profonds labours à la charrue et après qu'un dernier labour a croisé les premiers, on laisse reposer la terre jusqu'au moment de planter. C'est alors que le laboureur, après avoir tracé des sillons parallèles à la pente du terrain, plante à la barre. Quelques vignes rouges basses sont cultivées à l'araire, mais le plus souvent on cultive à bras avec la houe ou la bêche. Pour les terrains très-meubles on emploie une houe armée d'un fer long, mince et large ; pour les terrains forts, on a recours à la bêche à deux branches ou *puard*, dont le manche est de peu s'en faut parallèle au tranchant. L'emploi de cet outil est fort pénible. On donne généralement trois labours, en mars, en mai et en juillet. Outre les labours, les façons de bêche comprennent divers travaux, tels qu'accoler les nouveaux sarments aux échalats, épamprer, effeuiller. Les différentes façons de serpe consiste à échalasser, attacher les sarments aux échalats, provigner.

C'est avec le produit du *Merlot*, de trois espèces de *Carbouet* ou *Carmenet*, du *Verdot*, du *Gourdoux* ou *Malbeck*, du *Balouzat* ou *Mouzane* et du *Massoutet*, que se font les vins délicats de Graves, dignes rivaux, parfois, de ceux du Médoc. Ils sont en général plus corsés, plus vineux et plus colorés que ces derniers ; mais ceux-ci leur sont préférés pour le bouquet, la sève et la saveur. Les vins de Graves ne doivent être mis en bouteilles qu'après avoir séjourné six ou huit ans dans les tonneaux, suivant la température de l'année qui les a produits ; leur durée est étonnante, et souvent à vingt ans ils n'ont rien perdu de leur excellente qualité.

Les frais de culture de 32 ares (un journal Bordelais) de vigne dans les graves de Bordeaux, sont comme suit :

AVANCES ANNUELLES.

Pour apprêter la vigne.	Tailler, pauler et plier les bois.........	15	55f	
	Épamprer, lever et effeuiller la vigne.	10		
»	Trois façons.	30		
»	Échalats et vîmes		25	
»	Fumier, 6 charretées à 12 fr. pour 4 ans.		18	
»	Frais de vendange.		6	
»	Trois barriques, à 180 fr. la douzaine .		45	»
»	Entretien des vaisseaux vinaires.		2	50
»	Entretien des clôtures et autres cas imprévus		3	
»	Impôts.		7	
»	Transport à Bordeaux (3 barriques).. .		2	
»	Courtage à 2 p. cent, de 225 fr. . . .		4	50
			168f	»c

PRODUIT BRUT.

Le prix moyen de 912 litres (1 tonneau) de vin rouge de Graves, est de 300 francs : les 32 ares (1 journal) produisent 684 litres (3 barriques). 225f

PARTAGE DE CE PRODUIT TOTAL.

Pour les avances annuelles	168f	»c	
» Intérêts des avances annuelles à 5 p. cent.	8	40	
» Couverture du cellier et cuvier....	2		
» Renouvellement de la vigne tous les 100 ans	2		
» Dépense de culture pendant 5 ans.	4		
» La privation du revenu pendant ces mêmes années	4	35	
» Indemnité des pertes, le 20me du produit total.	11	25	
			200f

PRODUIT NET 25f

On ne perdra pas de vue que les frais pour les crûs distingués, à Pessac surtout, sont supérieurs à ceux que nous établissons ici, tandis qu'ils restent bien en dessous dans les communes telles que Labrède, Martignas, Castres, etc., qui ne donnent que des vins fort ordinaires et où les frais en moyenne n'excèdent pas 115 francs par journal.

MÉRIGNAC (1).

La commune de Mérignac est limitée, au nord, par celle de Sainte-Christine ; à l'est, par celle de Caudéran ; au midi, par celle de Pessac ; et à l'ouest, par les landes de Martignas. Le terrain est accidenté ; la vigne couvre des collines graveleuses.

(1) Dans les *graves* de Bordeaux, le journal de vigne ne produit que 513 litres ou 2 bques et un quart de vin.

Les vins rouges de Mérignac sont agréables, assez *coulants* et remplacent souvent les cinquièmes et quelques quatrièmes crûs du Médoc, surtout lorsque ces derniers ont un peu de maigreur. Dans les bonnes années, l'âge leur communique du moelleux et un bouquet agréable : on les met en bouteille au bout de 4 à 5 ans.

3276 hab.—800 à 1000 ton. de vin.—6 k. de Bordeaux.

Les principaux propriétaires sont :

Gervais Colon, à Château Bonair	100 à	125	De Marbotin	18	20
Rey, chât. Bouran	35	40	Lannefranque, à la Tour de Veyrine	18	20
Pigoutier, de Saint-Loubès	30	40	Michaël Isaacson	18	20
De Tocqueville, à Château-Lognac	25	30	Ducasse	18	20
Vanderlinden (Pique Caillau), à la Tour de Veyrine	25	30	Caillavet	15	20
L'archevêché	25	30	Silveyra	15	18
Doussous, à Arlac	20	25	Gintrac (D. M.)	15	18
Charles Wyndman	20	25	Lacoste	12	15
Petiteau	18	20	Mercier	12	15
			Baron de Conteneuil	12	15
			Baour	12	15
			Mérignac	12	15
			De Chavailles père	10	12

GRADIGNAN.

Cette commune est bornée au sud par Cestas, à l'est par Villenave, au nord par Talence, à l'ouest par Canejan et Pessac. Elle donne des vins ordinaires qu'on assimile aux vins rouges communs de Mérignac.

1277 hab. — 500 à 600 ton. de vin — k. de Bordeaux.

Les principaux propriétaires sont :

Roux	30	40	Mauzé	25	35
Chaîne	30	40	Dalidet	20	30
Bergmiller	25	35	Moulinié	20	30

Rodrigues.	20	30	Labat.	10	12
Perry.	15	20	Damblat.	10	12
Dupuch.	15	20	De Kercado.	5	10
Raspail.	10	15			

PESSAC.

La commune de Pessac confine au nord à celle de Mérignac; au sud, à celles de Gradignan et de Canejan; à l'ouest, à celle de Talence; et à l'est, aux landes d'Illac. Ses vins sont généralement d'une couleur vive et brillante; ils ont plus de corps que ceux du Médoc, mais ils en diffèrent par un peu moins de bouquet, de moelle et de finesse. Le premier crû de cette excellente commune de Graves, est celui du *Château Haut-Brion,* à 2 kil. sud-ouest de Bordeaux. Le vin qui s'y récolte est considéré comme l'égal des trois premiers crûs du Médoc, quoique depuis vingt-cinq ou trente ans il eût perdu de sa réputation, parce qu'on y a employé trop d'engrais. Les vins de Haut-Brion ne peuvent être mis en bouteilles que six ou sept ans après la récolte, tandis que ceux des autres premiers crûs sont potables au bout de cinq ans. Les seconds crûs de Pessac sont pleins et moelleux dans les bonnes années; ils possèdent une sève particulière.

1808 hab.—1000 à 1500 ton. de vin.—6 k. de Bordeaux.

E. Larrieu, à Paris, (chât. Haut-Brion).	100	120	Bahans.	20	30
De Fortmanoir (Pape Clément.	30	40	Bourbon fils.	20	25
De Catalan.	30	40	Barron.	15	25
De Germain.	30	40	Dupuy.	15	20
			Baron Sargel. . . .	15	20
			Veuve Giraudau. . .	15	20

Lachapelle.	15 à	20	Gew. Colon.	12 à	15
Bertrand.	15	20	Darrieux.	10	12
Jarrige (Pape Clém.).	12	15	Chapella, (Mission).	10	12
Castera (Pierre). . .	12	15	Carcaud.	10	12

TALENCE.

La commune de Talence est bornée à l'est, par celle de Bègles ; au midi, par celle de Gradignan ; à l'ouest, par celle de Pessac, et au nord, par celle de Caudéran et les dépendances de la ville de Bordeaux. Elle est ornée de belles maisons de campagne et située dans une position agréable. Les vignobles de la partie dite le *Haut-Talence,* fournissent des vins fins, de l'espèce et de la qualité de ceux des troisièmes et seconds crûs de Pessac : on rencontre parmi les autres beaucoup de vins corsés et très-solides. Ils se mettent en bouteilles après avoir attendu cinq ou six ans.

1232 hab. — 800 à 900 ton. de vin. — 2 k. de Bordeaux.

Veuve Tarteyron. . .	55 à	60	Trigan-Beau.	15	20
Chapella.	45	50	Devez.	15	20
Veuve René.	45	50	Foussat.	15	20
Veuve Billot.	40	45	Vignes.	15	20
Comte de Puységur. .	25	30	Raba.	15	18
Espeleta.	25	30	Roul (maire). . . .	12	15
Veuve Blumerel. . .	25	30	Tulèvre.	12	15
Limousin.	20	25	Guesnon.	12	15

LÉOGNAN.

Le territoire de Léognan est borné au levant par le Bouscat et Martillac ; au nord, par Gradignan et Canejan; au couchant, par Cestas; et au midi, par des landes.

Cette commune, l'une des meilleures des Graves, produit des vins plus fermes que celle de Mérignac, ils ont plus de corps et de couleur, mais moins de *coulant*. On accuse ceux qui se récoltent sur les terrains bas d'un peu de terroir; ils se conservent long-temps et acquièrent de la qualité en vieillissant ou lorsqu'on les fait voyager. Autrefois les Anglais leur donnaient la préférence pour l'Irlande; mais maintenant on les exporte dans le nord. La culture des vignes blanches a beaucoup perdu de l'importance qu'elle avait eue à Léognan.

1796 hab. — 700 à 900 ton. de vin rouge, 250 ton. de blanc (1).

Château Louvières . .	De Acha.	60 à	90 tx.
Au Burtat.	Marquise de Canolle.	70	80
Branon	Héritiers de Literie. .	40	60
Château Olivier. . . .	W. Foussat.	40	60
Languecloup.	Dépiot.	35	40
Lhermiton	Viard.	25	30
Au Petit Bourdieu. . .	Mlle Fourés.	25	30
Ci-devant Brown. . .	Roux	20	30
Bailly.	Ricard	15	20
Barreyre	Dauriol.	20	25
N.	Bernard.	15	20

VILLENAVE D'ORNON.

Cette commune située sur la rive gauche de la Garonne, est bornée au nord, par la commune de Bègles; à l'ouest, par celle de Gradignan; et au midi, par celles

(1) Nous reviendrons, dans un des chapitres suivants, sur les vins blancs de Léognan et de Villenave-d'Ornon.

de Léognan, du Bouscat et de Cadaujac. Elle fournit une assez grande quantité de vins rouges qui diffèrent beaucoup entre eux pour la qualité, suivant que les vignobles se rapprochent de ceux des communes de Léognan et de Bègles ou de la rivière. En général, ces vins ont moins de corps et plus de terroir que ceux de Léognan. Il s'en trouve de légers et d'agréables au goût; la Hollande en connaît le mérite. La réputation de cette commune ne lui est acquise que par les excellentes qualités de ses vins blancs. Le crû de Carbonnieux jouit d'une réputation méritée.

1535 hab. — 450 à 500 ton. de vin rouge, 400 ton. de blanc. — 8 kil. de Bordeaux.

Nadère.	Dupuy, doc.-médecin.	25 à	30 tx.
Le Désert.	Dufour de Barthe. . .	15	20
Id.	Ch. de Jandol.	15	20
La Balisque.	Mallet.	8	10
Pont-de-la-Maye. . .	Héritiers Larché . . .	10	15
Id.	L'abbé Buchou. . . .	10	15
Ci-devant Pontac. . .	Etchevaria	40	50
L'Arrivat.	Renaud	10	15
Le Bourg.	De Pradines.	15	20
Minaur.	De Basquiat (Alexis).	20	30
Conis.	De Basquiat (R.d). . .	20	30
Baret.	Fauchey père et fils.	15	20
Conis.	Withfooth, consul. .	18	20
Pont de Langon. . . .	Duprat	30	40
Pont-de-la-Maye. . .	De Lassansac.	10	15
Id.	Lange	10	15
La Monnaie.	Boisseul. . , ...	10	20
Le Bourg.	B. Dufour.	10	15
Lartigues.	Soulhagon de Bruet. .	8	10
Galgon.	De Labarre.	8	10
Leyran.	Ed. Holagray.	10	15

Le Bourg.	Veuve Couperie. . . .	10	15
Id.	Dupuy jeune	12	15
Id.	F. Lartigue.	8	10
Id.	A. Dufour.	12	15
Carbonnieux	Bouchereau.	100	120
Ci-devant Otard. . .	Allandy.	190	130
Couresan.	Marquis d'Alon. . . .	50	70
Dauch.	Dauch.	25	30
Lessence	Breton	15	20

PETITS VINS ROUGES DE GRAVES.

Les communes suivantes, situées au midi de Bordeaux, fournissent les vins connus sous la dénomination de *petits vins rouges de Graves*. Parmi ces vignobles qui ne produisent généralement que des vins communs, on trouve cependant quelques crûs qui gagnent beaucoup en vieillissant.

Martillac fournit des vins durs et communs qui ont pourtant du corps et une assez belle couleur. 800 ton. du blanc, 250 ton. rouge.

Saint-Médard d'Eyran donne des vins rouges qui ont moins de corps que ceux de Martillac; Ses vins blancs, autrefois recherchés pour la Hollande, sont maintenant délaissés; 500 ton. environ, moitié rouges et moitié blancs.

La Brède, à deux myriamètres de Bordeaux, sur la droite de la grande route de Toulouse, possède un château qu'a rendu célèbre le séjour de Montesquieu. Cette commune produit 850 ton. de vin rouge peu estimé et un millier de tonneaux de vin blanc d'un prix fort médiocre.

Beautiran, *Castres*, *Saint-Selve* et *Portets*, font des vins très-ordinaires et qui ont le goût de terroir.

Au nombre des petits vins rouges de Graves, le commerce de Bordeaux comprend ceux qui sont récoltés dans les communes de Caudéran, du Bouscat, de Bruges et d'Eysines. Ces vins sont très-communs et se vendent ordinairement pour la consommation de la ville de Bordeaux.

CHAPITRE VI.

ARRONDISSEMENT DE LESPARRE.

Cet arrondissement est limité à l'est, par la Gironde; au sud, par le canton de Castelnau qui fait partie de l'arrondissement de Bordeaux; au nord et à l'ouest, par l'Océan. Sa superficie, en y comprenant la Gironde, jusques dans son milieu, est de soixante lieues carrées. (Ancienne mesure.)

Des renseignements puisés aux meilleures sources divisent ainsi la surface de cet arrondissement; rivières, lacs et ruisseaux 2,609 hectares; vignes 34,744; terres labourables 50,930; légumes 1,127; prairies 5,710; bois 12,009; marais salants 1,708; landes 67,515; dunes 29,421; chemins, places, etc. 10,055; bâtiments de toute espèce 3,409.

Des marais formés par les pluies d'hiver, par les eaux des Landes ou par celles qui ne trouvent pas d'écoulement, se changent en lacs croupissants dont les miasmes rendent souvent malsain le séjour du Médoc, surtout durant les grandes chaleurs de l'été.

Cet arrondissement est composé de quatre cantons ou

justices de paix et de trente communes. Sa population est de 37,611 habitans, dont 6,000 sont propriétaires.

L'arrondissement est à peu près traversé par le grand chemin ou la grande route de Bordeaux à Lesparre et Soulac. Il n'y a ni manufactures, ni fabriques, ce qui n'est guère un désavantage pour cette contrée ; car la population en est si faible, que, sans le secours des étrangers qui y viennent tous les ans, des départements de la Charente-Inférieure et des Pyrénées, la culture des vigne souffrirait beaucoup. Le prix excessif des journées rendrait d'ailleurs infructueuse toute espèce de tentative pour l'établissement des fabriques. Les vins n'y sont point convertis en eaux-de-vie, parce que les plus inférieurs sont d'un prix trop élevé pour que l'on puisse en fabriquer avec avantage. Toute cette partie du département est appelée *Bas-Médoc*, à l'exception des communes de St-Julien, Pauillac, St-Estèphe, St-Seurin de Cadourne, St-Laurent, St-Sauveur, Cissac, Verteuil et St-Germain.

Nous avons donné précédemment (chap. IV) des détails étendus sur la culture des vignes dans les communes les plus importantes ; il nous reste à faire connaître quels sont les frais de culture.

Ils s'élèvent à des sommes très-considérables pour les grands crûs. A cet égard, nous ne pouvons prendre de meilleur guide que l'habile agronome dont nous avons déjà invoqué l'autorité, M. Joubert. Dans ses réponses aux questions posées par l'Académie de Bordeaux, il a établi de la façon suivante, d'après deux comptabilités tenues avec la plus scrupuleuse exactitude, qu'elles sont les dépenses dans le canton de Pauillac. Notons d'abord que le journal est de 4,000 pas carrés, et qu'il se compose de 4 sadons ou 40 règes.

La rège a 100 pas de long sur un pas de large. Le pas est de 2 pieds, 8 pouces, 8 lignes (82 centimètres.)

Les vignes du canton sont divisées entre les ouvriers par prix-faits. Ces prix-faits sont généralement de 8 à 9 journaux. Voici comment se divisent et se paient les façons données par le prix-faiteur et sa femme.

Pour tailler la vigne.	55 f
Pour ramasser les sarments, la sécaille, les mettre en fagots et sortir de la vigne.	20
Pour mettre la latte et la carassonne.	25
Pour attacher la vigne.	20
Pour tirer deux fois les cavaillons	30
Ces façons sont ainsi par prix-fait, d'une somme de.	150 f

Le prix-faiteur a en outre moitié des sarments et de la sécaille; il reçoit quatre barriques de piquette, dont deux de première et deux de seconde; on lui donne un logement et un jardin : mais ne mettons ici en ligne de compte que l'argent déboursé, le reste sera comme renseignement.

La vigne, bien entretenue, exige douze milliers de carassonne par an par prix-fait; on emploie le plus souvent de la carassonne de châtaignier, qui coûte 7 fr. le millier.	84
Un cent de grosse carassonne pour le bout des règes	3
Pour apointisser ou aiguiser la quantité de carassonne nécessaire pour un prix-fait.	6
Il faut par prix-fait environ 100 faix de latte à 80 cent. le faix.	80
A reporter.	323

Report.	323 f
Vingt gerbes de vime, 1re qual., à 3 f. la gerbe.	60
On fait chaque année, par prix-fait, environ 1,000 provins, à raison de 25 fr. le millier. . . .	25
Par prix-fait pour arracher le chiendent.	25
Fendre du vime.	8
Oter le bois gourmand.	10
Déchausser le verjus couvert en labourant . . .	5
Les gages du maître-vigneron peuvent être comptés par prix-fait à	30
Les gages des valets reviennent à environ. . .	120

Il est bien moins dispendieux d'avoir des attelages et des valets à l'année, que de payer des journées d'attelage; et en effet, donnant quatre labours à la vigne, cela fait au moins 32 journées d'une paire de bœufs par prix-fait : si l'on estime la journée à 5 fr., cela fera une somme de . . . . . 160 f

Il faut, dans le courant de l'année, au moins 15 journées d'attelage par prix-fait, pour les transports des terreaux, des fumiers et de la sécaille, des sarments, de la vendange, etc 75

Ce qui donnerait un total de. . . . . 235 f

Journées d'hommes pour couper et mêler les fumiers avec de la terre, couper les terres de transport, faire des complantations, etc	30
Pour la dépense des bœufs, l'intérêt de leur valeur, les accidents et dépérissements, consommation de foin, pacage.	240
A reporter.	876

Report. . . . . . . 876 f

Entretien des charrettes et des tombereaux, comptant l'intérêt de leur capital et le dépérissement. . . . , ... 20

Entretien des charrues (courbes et cabats), jougs, juilles, attaches des bœufs, etc 20

On paie au forgeron 40 francs par paire de bœufs pour réparer les ferrements des courbes et cabats pendant les quatre façons, ce qui fait par prix-fait environ 15

On paie également par an, au forgeron, 50 francs par paire de bœufs, pour leur ferrement; ce qui fait par prix-fait environ . . . . , . . . 18

Beauge ou rouche (herbes et roseau de marais) pour litière des bœufs : elle coûte 9 fr. la charretée; il en faut environ 10 charretées par paire de bœufs, ce qui fait par prix-fait 33

Dépense pour les vendanges, nourriture, paye.. 100

Pour clore les vignes et les garder à l'époque de la maturité des raisins. 15

Barriques à 50 francs le tonneau par prix-fait. 200

Réparations des cuves et ustensiles de vendanges, eau-de-vie pour nettoyer. 20

Destruction des insectes.. 40

Entretien des fossés, des haies et des aqueducs.. 20

Tous les 3 ou 4 ans, il faut transporter la terre que les bouviers ramènent constamment sur les capvirades ou allées des vignes; ce qui revient par prix-fait, par an, à environ. 15

Tous les 10 ans il est nécessaire de faire un fu-

A reporter 1,392

Report. 1392

mage composé de fumier bien consommé, coupé avec des terres; ce qui revient par an par prix-fait. 40

Compte du forgeron pour réparations diverses d'outils et fournitures . . . . . . , ... 30

Attendu qu'on loge tous les valets et prix-faiteurs, on peut estimer les réparations de leurs maisons, par an, et par prix-fait, à. . . . . . : . . 20

Réparations des parcs à bœufs, des granges, du cuvier, du cellier, etc. 30

Impositions des usines, maisons, vignes, etc. . 150

Pour épamprer, relever la vigne, afin d'exposer le raisin à l'air. . . . . , ... 8

Pour arracher les grandes herbes 30

Pour, après le 1er labour, changer les carassonnes et lattes cassées et relever la vigne. 6

Total. . . . . 1706 f

Intérêts des avances . . . .

Courtage à 2 pour %, sur la vente de 4 tonneaux du prix moyen de . . . .

Escompte d'un an à l'acquéreur à pour %.

Droit d'inventaire à le tonneau.

On donne à un valet ou bouvier, lorsqu'il est marié, les gages suivants : argent, 135 fr.; seigle, 14 hectolitres ; piquette, 4 barriques dont deux de première et deux de seconde ; 100 fagots de bois de branches, 50 fagots de sécaille, et un millier de sarments. Le bouvier non marié reçoit la même somme de 135 fr., la même quantité de piquette, 7 hectolitres de seigle, 100 fagots de bois de branches, 25 fagots de sécaille, 500 sarments, une livre de savon, 100 sardines à l'époque du carême et une livre d'huile à manger ; plus 45 fr. de pension chez le maître bouvier.

Les bœufs sont autant que possible du pays ; leur prix varie de 6 à 800 fr. : ils sont ordinairement nourris 7 mois à l'écurie et 5 mois au pacage. Nourris à l'écurie, on donne à chacun 15 kil. de foin par jour ou 30 kilog. par paire. Le foin vaut, année commune, de 30 à 35 fr, la charretée de 600 à 700 kilog. Pendant les 5 mois de pacage, chaque bœuf consomme 2 à 3 kilog. par jour, ou 6 kilog. par paire ; le pacage est compté à 12 fr, par mois par paire.

Une charette, essieu en bois, coûte 200 fr, Sa durée est de 12 à 15 ans ; l'essieu a besoin d'être renouvelé tous les ans ou tous les deux ans,

Les prix-faits sont le plus généralement de 8 journaux ; il s'ensuit que les frais de culture par journal, tels que les établit le compte ci-dessus, sont de 213 fr. 25 c.

SAINT-JULIEN DE REIGNAC.

Après avoir traversé le marais de Beychevelle, on se trouve sur le territoire de St-Julien. Cette commune, remarquable par l'excellence de ses produits, confine au sud, à l'arrondissement de Bordeaux ; au levant, à la Gironde ; au couchant, à la commune de St-Laurent ; et au nord, à la paroisse de St-Lambert, réunie à Pauillac. Les vins qu'elle produit peuvent être comparés pour leurs qualités à ceux de Margaux et de Cantenac ; ils ont toutefois un bouquet particulier qui les distingue parfaitement de ceux des autres communes médoquines. Plus colorés et plus vineux que ceux de Pauillac, ils demandent un an de plus pour acquérir leur degré de maturité. Ils ont besoin d'être conservés cinq à six ans en tonneaux ; ils réunissent alors toutes les qualités qui constituent les meilleurs vins. Le sol de cette commune présente une grave noire, forte, peu sabloneuse, reposant sur un fond argilo-marneux.

1310 hab.—1400 à 1800 ton. de vin.—33 k. de Bordeaux.

Le Marquis de Lascaze, à Léoville...	100 à	130
Barton, id.	50	60
Le baron de Poyféré de Cères, id. . . .	60	70
Baron Sarget et hérs. Balguerie, à Gruau-Larose	100	150
Ducru, à Bergeron.	80	100
Barton, à Pontet-Langoa.	100	150
Duchatel, à Lagrange	150	200
Bontemps-Dubarry, à Saint-Pierre. . . .	35	50
Roulet, id.	18	25
Veuve Galoupeau. id.	18	25
Duluc aîné, à Duluc.	100	140
Le comte d'Aux, à Delage.	70	100
P. François Guestier Junior, à Beychevelle.	140	150
De Bedout, à Dubosq.	70	90
Mitroche.	15	20
Paul.	15	20
Cadillon.	15	25
Pourade.	12	15
Fattin.	10	15
Davia, aux Martines.	12	15
Jean Lagarde. . . .	8	10
Les fermiers Marin.	8	10
Bacquey.	7	7
François Lagarde. .	7	8
Dejean.	7	8
Ramond dit Pierille.	3	4
Pierre Gautier. . . .	2	3

PAUILLAC ET SAINT-LAMBERT.

La commune de Pauillac est bornée au nord, par celle de St-Estèphe ; à l'est, par la Gironde ; à l'ouest, par la commune de St-Sauveur ; et au Midi, par celle de St-Julien. Elle est renommée par la bonne qualité de son vin et par la quantité qu'elle en produit ; son port facilite aux propriétaires le transport de leurs marchandises à Bordeaux. C'est devant cette petite ville que les navires sont obligés de s'arrêter en partant de Bordeaux ou en y arrivant. Pauillac est situé à moitié chemin de la tour de Cordouan à Bordeaux. Il est assez bien bâti, et il existait dès le temps d'Ausone, sous le même nom que celui qu'il porte maintenant. Le vin que fournit cette commune est plein de bouquet et de moëlle. On y récolte ce vin célèbre, connu sous le nom de *Château-Lafitte*, qui, s'il a quelques rivaux, n'a aucun supérieur à redouter : ses qualités sont trop connues pour que nous en fassions l'énumération. Lafitte donne, année moyenne, 100 tonneaux de premier vin et 20 à 30 de second. Il se consomme presque tout en Angleterre, et c'est aussi pour les Anglais que s'achètent ordinairement les autres premiers crûs de cette commune. Indépendamment de la petite ville de Pauillac, cette commune renferme les villages de Bages, Milon, le Pouyadet, Padarnac et quelques autres. Le terrain s'élève en pentes douces exposées au levant ; le sol graveleux repose sur un fond d'alios friable.

La paroisse de St.-Lambert, maintenant annexée à Pauillac, produit aussi d'excellents vins et ils réunissent à peu près les mêmes qualités que ceux récoltés dans la commune de St-Julien. On y trouve le premier crû de *Château-Latour*. Ce vin se distingue habituellement par plus de corps que le Château-Lafitte; il est ferme, d'une belle couleur et riche en bouquet ; il a besoin d'être gardé en barrique un an de plus que son rival pour acquérir sa maturité. Les Anglais en font le plus grand cas et l'achètent presque tous les ans lorsque la température a été favorable à la vigne. Son prix s'établit comme celui du Château-Lafitte et du Château-Margaux : on y récolte, année commune, environ 70 à 90 tonneaux.

3658 hab. — 3500 à 4000 ton. de vin. — 36 k. de Bordeaux.

Laffitte.	Scott	100 à	150 tx.
Latour.	Partagé entre div. p[res].	70	90
Mouton.	Thuret.	80	90
A St-Lambert.	De Pichon Longueville	80	90
A Canet.	De Pontet.	110	150
Mouton.	D'Armailhac..	100	120
Antérieurement de Lynch, à Bages. .	Jurine (Sébastien). . .	70	80
Moussas.	De Lynch.	50	60
Mandavy et à Duroc.	Duroc.	60	70
A Batailley.	Guestier (Daniel). . .	50	60
A Pauillac	Héritiers Ducasse. . .	80	100
A Milon	Casteja, notaire. . . .	40	50
Au Grand-Puy	Lacoste (François) . .	70	80
Bages.	Croizet (Laurent). . .	50	70
Id.	Martin..	30	40
St-Lambert.	Ferchaud.	20	25
Pauillac	Constant (Martial).. .	50	70
Id.	Pédesclaux.	25	30
Id.	Lachaufrad.	25	30
Id.	Libéral.	15	20
Id.	Héritiers veuve Castéja	15	20
Id.	Besse (Jacques). . . .	25	30
Au Pouyalet.	Clerc (Jean-Baptiste).	15	20
St-Lambert.	Croizet (Henry). . . .	8	10
Id.	Veuve Daubos	15	20
Id.	Veuve Brunet	12	15
Id.	Veuve Croizet.	14	18
Id.	Roux (Pierre).	10	13
Pauillac	Escaraguel.	20	25
St-Lambert.	Eynard (Jacques). . .	8	10
Id.	Despagne (P.).	8	10
Mousset.	Morange (Jean). . . .	8	10
St-Lambert.	Lamena	8	10
Pouyalet..	Mancy (P.).	12	15
St-Lambert.	Raymond (P.).	8	10
Id.	Martin (Pierre). . . .	8	10
Au Pouyalet	Arnaud (Pierre). . . .	10	14

Au Pouyalet	Garrabey.	8 à	10 tx.
Bages.	Ardilley (P.).	8	10
Milon.	Lagarde (Pierre). . . .	11	14
Anteillan.	Eymerie (P.).	10	13
Id.	Mondon (P.)	12	15
Mousset.	Mathé (Jean).	15	20
Id.	Rengeard (Antoine). .	10	13
Id.	Veuve Desse	25	30
Id.	Gratian (Jacques). . .	8	10
Id.	Ribeau (Pierre). . . .	14	18
Id.	Mege (Antoine). . . .	10	12
Artigues.	Chevery.	12	15
Id.	Ardilley (Pierre). . .	15	20
Id.	Brossard.	10	12
Bages.	Bichon (veuve). . . .	20	25
Id.	Pouyalet (Léonard). .	10	12
Id.	Alaire (Pierre). . . .	16	22
Id.	Daubos (Jean)	12	16
St-Lambert.	Caula.	15	20
Id.	Lamena (Pierre). . .	15	20
Id.	Lamena (veuve). . . .	20	24
Bages.	Cholet (veuve). . . .	20	25
Pauillac.	Claverie (Dominique).	25	30
St-Lambert.	Ferchaud.	10	12
Pauillac.	Moreau (Jacques). . .	20	25
Padarnac.	Bichon.	20	25
Pauillac.	Moreau (Pierre). . . .	8	10
Id.	Gaillard.	8	10
Id.	Bonnivet.	8	11
Milon.	Berthe (Morin). . . .	15	20
Id.	Rabère	15	20
Id.	Duprat (veuve). . . .	8	10
Id.	Desse (Laurent). . . .	8	10

SAINT-ESTÈPHE.

Le marais de Lafitte sépare Pauillac de cette commune. Elle est limitée au nord, par celle de St-Seurin de Cadourne ; à l'est, par la Gironde ; au sud, par la commune de Pauillac ; et à l'ouest, par celle de Verteuil.

Le territoire de St-Estèphe produit une grande quantité de vins et d'une qualité tout-à-fait différente que celle des autres ; ils sont légers, agréables, abondants en sève, aromatisés, et peuvent être mis en bouteilles au bout de trois à quatre ans. Le bourg de St-Estèphe est placé dans une belle position sur la Gironde ; il est considérable et il offre des vestiges d'antiquités gallo-romaine. Ses vignobles sont plantés dans un terrain graveleux, et généralement à fond d'alios friable.

2220 hab. — 4500 à 5000 ton. de vin. — 40 k. de Bord.

Cos.	Destourmel.	60 à	70 tx.
Montrose.	Dumoulin.	70	80
Calon.	Lestapis.	120	160
Rochette.	Lafon de Camarsac. .	40	50
Cos.	Laborie.	80	100
Lalande.	Tronquoy.	80	100
Le Bosq.	De Camiran aîné. . . .	130	140
Morin, à St-Corbian. .	De Camiran père. . .	100	120
Pèz	De Tarteyron.	80	90
Pomis.	Destournel.	70	80
Crock	Merman.	80	100
Marbuset.	Mac-Carthy.	45	60
Canteloup.	Cazeau.	70	80
Segur et Carabey. . .	Phelan.	200	250
Houissant	Coudol.	35	40
Les Ormes.	Southard.	100	110
Fond-Petit	De Puch.	50	60
Meyney.	Luetkens.	150	200
Leyssac.	Bernard.	80	90
Lahaye.	Luco et Asmus. . . .	40	50
Au Bourg.	Capberne.	60	70
Carcasset.	Martin.	80	100

Au Bourg.	Castéja (veuve). . . .	30 à	40 tx.
Leyssac.	Bonie.	60	70
Ladouys.	Barre.	50	60
Au Bourg.	Comes (demoiselles). .	25	40
Marbuset.	Chambert.	20	25
Au Bourg.	Faget.	40	50
Germain.	Fatou.	15	20
Marbuset.	Pleignard.	20	25
Id.	Campet (veuve). . . .	20	25
Blanquet.	Andron.	20	25
Leyssac et Marbuset.	Mondon (les héritiers).	30	40
Marbuset.	Martin (les héritiers. .	30	40
Id.	Seguin (Jacques). . .	30	40
Leyssac.	Seguin.	25	30
Id.	Hostin dit Fatou. . .	20	25
Au Bourg.	Bernard (les héritiers).	25	30
Id.	Hostein.	15	20
Leyssac	Teysonneau.	20	25
Au Bourg.	Jugla.	12	15
Id.	Razeau père.	10	12
Germain.	Razeau fils.	15	20
Cos.	Fauchey.	12	15
Marbuset.	Etchevery.	10	12
Canteloup.	Figerou.	12	15
Leriteyre.	*Id.*	12	15
Id.	Millet	15	20
Canteloup.	Bernard sœurs. . . .	10	12
Aillan	Bernard dit Moulet. .	15	20
Canteloup.	Deloude	15	20
Marbuset.	Vilain (François). . .	12	15
Id.	Desplats fils.	10	12
Au Bourg.	Desse.	12	15
Id.	Ducasse, ...	12	15
Saint-Corbeau. . . .	Blanchereau.	12	15
Id.	Boyer.	10	12
Marbuset.	Bichon.	10	15
Leyssac.	Mimi	15	18
Lauzac.	Bernard.	15	20

SAINT-SEURIN DE CADOURNE.

Il faut aussi traverser le marais de St-Courbiau, pour arriver à St-Seurin de Cadourne; bourg considérable qui occupe une belle position sur un côteau graveleux. Cette commune est limitée au nord par celles d'Ordonnac et de St-Yzan; à l'est, par la Gironde; au sud, par la commune de St-Estèphe; et à l'ouest, par celles de St-Germain d'Esteuil et de Potensac.

Les vins qu'elle fournit n'ont ni le bouquet, ni le corps de ceux des meilleures communes du Médoc; mais ils sont pourvus de moëlle et d'une belle couleur. On trouve une grande inégalité dans les qualités de ces vins, parce qu'il y a une grande différence dans le terrain; celui qui est situé le long de la rivière est pierreux; le reste compris sur les marais, ne donne que des produits inférieurs.

1101 hab. — 2500 à 3000 ton. de vin. — 42 k. de Bord^x^.

Verdignan.	Messieurs de Parouty.	120 à	150 tx.
Charmail.	Mme Louvet de Paty. .	100	110
Verdus.	Mlle de Bonneau. . . .	40	45
Ducasse.	M. Chaumel.	70	80
Roudey et Ducasse. .	M. Tronquoy.	40	45
Lousteau neuf. . . .	Baron du Breuil. . . .	40	50
Lamothe.	Mallet, cap. de navire.	35	40
Grandis.	Andron.	40	45
Coufran et Pontoise. .	Cabarrus (Adolphe). .	125	130
Brochon.	Andron fils aîné. . . .	20	25
Id.	Mme Faucher.	20	25
Laumonier.	Héritiers Laumonier.	25	30
Ci-devant Verthamon.	Justin Andron. . . .	25	30
Ci-devant P^t^-Basterot.	Boué (Titi)	90	100
Doyac	Chabannes, médecin.	50	60
Cadourne.	Tronquoy Lalande. .	40	50
Ci-devant Lalo. . . .	Figerou aîné.	15	20

Le Villa.	Clémenceau.	20	25
Troupian.	Figerou Mimi jeune. .	80	90
Le Tral.	Figerou aîné dit Figerille.	40	50
Marque.	Figerou Benjamin. .	10	12
Pabeau.	Figerou de Pabeau. .	10	12
Brion	Veuve Brion.	15	18
Loquey.	Héritiers Mouras. . .	15	20
Seilhan.	Seilhon.	15	20
Ci-devant Cascnave. .	Charron.	30	40
Bellonneau.	Héritiers Bollonneau.	6	8
N...	Rigon.	25	30
Lestage.	Martin.	20	25
Id.	Dissandier frères. . .	10	12
Lagrange.	Bouet.	10	12
La Maréchale.	Cadiche, Raymond. .	8	10
Au haut du bourg. . .	Veuve Duffour	8	10
Id.	Drouyeau.	10	12
Villa.	Lussac.	10	12
Au Bourg.	Gombaud.	10	12
Id.	Aygue.	8	10
Lestage.	Leraud.	8	10
Cadourne.	Nouet.	10	12
Troupeau.	Bouillaud.	8	10
Tralle.	Rousset.	8	10

SAINT-LAURENT.

Cette commune confine au levant à celle de Saint-Julien ; au nord, à l'arrondissement de Bordeaux ; au midi, à la commune de Saint-Sauveur ; et au couchant, à des landes. Saint-Laurent produit de très-bons vins qui ont plus de corps et de fermeté que ceux de Saint-Sauveur, de Cissac et de Verteuil ; mais ils parviennent un peu tard à leur maturité. Du côté du levant, un terrain graveleux, à fond d'alios, planté en cépages de choix, donne des vins qu'on assimile à ceux de Saint-Julien.

2500 hab. — 1500 à 2000 ton. de vin. — 32 kil. de Bordeaux.

Perganson.	De Laroze.	80 à	90 tx.
De Laroze (1).	*Id.*	20	30
Tour de Carnet. . . .	Lueckens.	80	100
Camensac-Devèz. . .	Bruno Devèz.	50	60
Comensac Popp. . . .	Popp.	40	50
Saujon.	Bruno Devèz.	15	20
Cache	Pieck.	20	30
Balac.	Vondohren.	70	80
Le Bouscat.	Veron.	50	60
Mascar.	Lahens.	50	60
Le Gallaud.	Siau.	40	50
Caronne.	Ferchaud.	30	40
Sylvestre Bichon. . .	Silvestre Bichon. . .	15	20
Maderan.	J. B. Clerc.	20	25
Cougouilhe.	Verrières.	15	20
Massillon.	Blondeau.	10	15
Viaud frères..	Viaud frères.	15	20
Héritiers Graves. . .	Chaulet.	10	15
Tomine.	Séjourné.	8	10
Delbegue.	Delbegue.	10	15
Cantin.	Cantin.	12	15
Marmande.	Marmande.	8	10
Soleillan.	Soleillan.	8	10
Nadeau.	Nadeau.	10	15

(1) A l'égard de ce nouveau domaine, de création récente, nous renvoyons à une lettre de son propriétâire insérée dans le *Producteur*, 1re année, n° 4.

SAINT-SAUVEUR.

La commune de Saint-Sauveur est bordée à l'ouest par des landes; au sud, par la commune de Saint-Laurent; à l'est, par celle de Pauillac; et au nord, par celle de Cissac. Les vins qu'elle produit sont fins et délicats; ils ressemblent à ceux de Cissac, mais ils ont plus d'agrément et de bouquet; cette supériorité s'explique par la nature du terrain qui est plus généralement sablonneux ou pierreux.

638 hab. — 400 à 600 ton. de vin. — 36 kil. de Bordeaux.

Varé.	Baron de Cavaignac. .	50	60
Tourtereau	Leguenedel, capitaine	50	60
Peyrabon.	Badimon.	50	60
Madrac.	Chevalier de Lynch. .	60	70
Fonpiqueyre.	Danglade.	60	70
Liversan.	*Id.*	70	80
Hourtain.	De Chauvet et du Roy	40	50
Fournas.	Teynac.	15	20
Au Gary du Gay. . .	Héritiers Laborde. . .	12	15
Escarjean	Maney.	10	12
Fontestau.	Seurin.	10	12
Escarjean.	Hostein.	15	16

CISSAC.

Cette commune confine au nord à celle de Verteuil; au levant, à celle de Saint-Estèphe; au midi, à celle de St-Sauveur; et au couchant, à St-Germain d'Esteuil. Elle fournit des vins qui sont à peu près de la même qualité que ceux de St-Sauveur; ils ont cependant un peu plus de corps et de couleur. Ses meilleurs crûs sont le produit d'un sol graveleux, à fond d'alios friable et placé dans de belles expositions. « On voit dans cette commune, au village du Puy, les ruines du vieux château du Breuil qui avait autrefois le titre de baronnie. A en juger par ce qui reste de ses murs épais, de ses portes ogivales, de ses cours et de ses fossés, on n'est pas tenté de faire remonter sa construction au delà du douzième siécle; cependant, la tradition la recule jusqu'au sixième. »

(Jouannet, *Statistique de la Gironde*).

958 hab. — 300 à 1000 ton. de vin. — 38 k. de Bord.

Château du Breuil. . .	Baron du Breuil. . . .	100 à	140 tx.
Larrivaux.	Comte du Hamel . . .	80	100
Abiet frères.	Abiet frères, au bourg	10	12
Abiet-Martiny	Martiny frères, *id.* .	50	60
Abiet (veuve).	Veuve Ladous, *id.* .	20	25
Duchelleau	Garrigou, à Ansaillan.	90	100
Dumousseau.	Dumousseau.	60	80
Teysonneau.	Teysonneau.	25	35
Dumas-Aubec	Aubec, à Lugagnac. .	10	12
Courrejolles.	Dlles Courrejolles, au b.	25	30
Birambis	Balguerie junior. . . .	25	30
Chanove.	Eyssan, au bourg. . .	10	12
N.	Campagne, au Regnac	10	12
N.	Prévost, au Luc. . . .	8	10
N.	Perrier, au bourg. . .	8	10
N.	Bernard, au Queyron.	12	15
N.	Laporterie, *id.* ..	15	18
N.	Dlles Laboubette, au b.	10	15

VERTEUIL.

Cette commune est limitée au nord, par celle de Saint-Germain; à l'est, par celle de Saint-Estèphe; au sud, par celle de Cissac; et à l'ouest, les dépendances de Secondignac. Son territoire se divise en terres basses ou de palus et en plaine haute et graveleuse. Les vins de Verteuil acquièrent en vieillissant, du moëlleux et de la fermeté; ils sont bien colorés mais ont peu de bouquet; on les expédie ordinairement en Hollande et dans les autres parties du Nord, où ils jouissent d'une estime méritée.

1103 hab.— 500 à 700T^{x} de vin.— 40 kil. de Bordeaux.

Picourneau.	Malvezin.	40 à	50 tx.
La Caussade.	Blanchard.	60	70
L'Abbaye.	Skinner.	160	180
De Camiran.	De Camiran.	160	180
Lasalle.	Begot.	25	30
Aubec-Layraviére. . .	Aubec.	25	30
Lussac.	Lussac.	20	25
Clémenceau.	Bernard.	50	60
Dazest.	Dazest.	18	20
Au bourg.	Nullet, au bourg. . . .	30	34
id.	Durel, id.	25	30
id.	Maurin. id.	25	30
id.	Courrejolles.	8	10
Monneins.	Monneins.	25	30
Gaurand.	Plaignard.	60	70
A Lette.	Raymond.	10	12
Au bourg.	Moddon.	18	20
id.	Couerbe.	15	18

SAINT-GERMAIN D'ESTEUIL.

Cette commune, limitée au nord par la commune de Saint-Seurin de Cadourne, au sud par celles de Verteuil et de Cissac, au levant par celle de Saint-Estèphe, et à l'ouest par celle de Saint-Trilody, possède, ainsi que les communes de Saint-Seurin de Cadourne et de Verteuil, un territoire de nature variée, dont partie terre forte, et partie grave légère; c'est dans cette partie de grave légère que se fait distinguer le crû *Château-Livran*, marque hollandaise anciennement et favorablement classée; les vins de ce crû ont du bouquet et du corps, sans être dépourvus du caractère moëlleux qui les rend éminemment Hollandais.

Le propriétaire de cette marque, ayant augmenté son vignoble, sur des expositions choisies, et avec les meilleurs cépages, vient de créer une nouvelle marque, sous le nom de château *Bries-Caillou*.

La marque *Château-Livran*, possédant les meilleures expositions, conserve, par le choix de ses croupes, la supériorité qui doit lui appartenir sur la nouvelle marque de *Château-Bries-Caillou*.

1,400 habitants. — 6 à 700 tonneaux de vin.

Château Livran. . . .	Baron du Perier de Larsan.	200	à 250 tx.
Chât. Bries-Caillou. .	Baron du Périer de Larsan.	100	120
Château Castera. . . .	Marq. de Verthamon.	60	75
Au bourg.	Arnaud Charron. . . .	60	70
Latour.	Marginier.	20	25
Barbannes.	Charron fils.	20	25
Cantegril.	Colombe.	25	30
Fombardin.	De Camiran.	18	20
Artiguillon.	Delille.	12	15

Les communes qui viennent après St.-Seurin de Cadourne, Verteuil, et St.-Germain d'Esteuil sont réputées *Bas-Médoc*; les vins qu'elles donnent sont en général bien inférieurs à ceux recueillis dans le Haut-Médoc; ils ont pour la plupart le goût de terroir, mais bien choisis et d'une année où la température a été favorable à la vigne, ils sont très-propres pour les expéditions à l'étranger et ils deviennent agréables en vieillissant.

Les frais de culture, pour les vins qui se payent de 200 à 250 fr. le tonneau, peuvent s'évaluer à 80 °/₀ du produit. Le journal donne, terme moyen, deux à trois barriques.

Parmi les communes du bas-Médoc dont nous donnons la liste ci-après, se font distinguer celles de St-Christoly et Valeyrac; leurs vins ont moins de terroir, et plus de finesse que ceux des autres paroisses.

SAINT-CHRISTOLY ET COUQUEQUES.

748 hab.—1000 à 1200 ton.—50 kil. de Bordeaux.

Martial	50 à	60	Servant	20	25
De Verthamont	50	60	Veuve Guiraud	30	40
Copmartin	40	50	Lardilley	25	30
Lussac	25	30	Drouineau	20	25
Laforet	25	30	Magnol	25	35
Chauvelet	25	30	Emplevier	10	12
Bert	25	30	Bournac	10	15
Dumas aîné	25	30	Divers petits pr^ros^	500	600

VALEYRAC.

441 hab.—350 à 500 ton.—56 kil. de Bordeaux.

Chauvelet	50	60	Hostein	30	40
Bedel aîné	40	50	La Claverie	30	40
Lussac	40	50	Laclaverie	30	40
Bonore	30	40	Haignoux	20	25
Gaillard Claverie	30	40	Rousseau	20	25
Bert	30	40	Divers p. pr^res^	130	180
Rabère	30	40			

SAINT-TRELODY.

Les vignobles de cette commune sont disséminés sur une

vaste superficie; ils donnent des vins agréables et légers mais auxquels on souhaiterait plus de couleur et de corps.

1783 hab. — 450 à 530 ton. de vin. — 48 kil. de Bordeaux.

Coiffard fils jeune.	120 à	130	Drouillet aîné (Jean).	15	18
Guilhem Joseph. . .	90	100	Gondmeau (Martial).	12	15
Lostau (Théodore).	70	90	Bernard (Pierre). . .	15	20
Laumond.	20	25	Villa.	12	15
Mme Célerier. . . .	12	15	Bernard.	15	18
Bénetau.	15	20	Drouillet (Daniel). .	10	12
Bonore (Jacques). .	15	20	Sevolla (François). .	15	20
Mothes (Jean). . . .	15	20	Ade, boucher à Lesp.	10	12

JAU.

Cette commune est située sur des croupes qui présentent un terrain tantôt sablonneux, tantôt couvert de graves. Ses vins ne manquent pas de sève mais ils ont peu de durée.

230 à 300 ton. de vin. — 60 kil. de Bordeaux.

Bedel (Michel) . . .	60 à	70	Delignac	10	15
Veuve Desgardies. .	40	50	Bert père.	10	12
Bert (Raymond). . .	70	80	Bert fils.	10	12
Coiffard j.e et Princeteau	30	40	Figerou (J.).	12	15
Mme Larcher.	15	20	Chichet.	15	20
L'hommond.	10	15	Dubosq	10	12
			Dufau.	10	12

LESPARRE et UCH.

Terrain sablonneux reposant sur un fond d'argile ou de pierres. Vins légers et agréables ayant un peu de terroir.

300 à 450 ton. de vin. — 48 kil. de Bordeaux.

Frechina.	60 à	80	Veuve Marcou. . .	15	20
Fabre de Rieunègre.	20	30	Piffon.	10	15
Charron.	15	20	Fraiche.	10	15
Morin.	15	20	Monneins cadet. . .	10	12
L'abbé Vidal. . . .	17	20			

POTENSAC.

Cette commune à été réunie à celle de Saint-Trélody ; ses vins sont un peu supérieurs.

300 à 350 ton. de vin. — 48 kil. de Bordeaux.

Fabre de Rieunègre.	50	60
Guilhory, j. d'inst. du tr. civil de Lesparre	40	45
De Laloubie (Morey)	50	60
Guilhory, juge au tr. civil de Blaye. . .	40	45
Gallais, cap. de nav.	50	60
Jeanty.	90	100
Cousin (Alexandre).	50	60
Mondon.	50	60
Prevosteau (Michel).	25	30
Pierre Mouguet. . .	40	50
Guilhem.	15	20
Hostein (François). .	10	12
Mesuret fils.	10	12
Négrier (Antoine). .	8	12

BLAGNAN.

400 hab.—450 à 500 ton. de vin.—48 kil. de Bordeaux.

Peychaud.	150	160
Madame Gorsse. . .	60	00
Seguin.	30	40
Pothier.	50	60
Auguste Guilhory. .	10	12
Jean Marcoute. . .	10	12
N.	10	12
Moreau.	10	12
Teyssier.	7	8

SAINT-YZAN.

526 hab.—700 à 900 ton. de vin.

Subercazeaux à Cigognac.	150	200
De Marcellus fils à Château-Loudène.	100	150
Tronquoy-Lalande fils	10	20
Pierre Mesuret. . .	30	40
François Jeanty. . .	20	25
Jean Lacroix.	20	25
Brion.	15	20
André.	15	20
Veuve Lafaye. . . .	12	15
Jean Moreau.	12	15
Jeanty Jean.	10	12
Bournac charpentier.	10	12
Renaud.	10	12
Pierre Barbe.	10	12

ORDONNAC.

466 hab.—200 à 300 ton. de vin.

Seguin	10 à	12	Héritiers Jouan	12	15
Martin	10	12	Roustaiug	12	15
Marcalet	10	12	Veuve Laveau	12	15
Arnaud	10	12	Meynieul	10	12
Faure	10	12			

BEGADAN.

1261 hab.—400 à 500 ton. de vin.—52 kil. de Bordeaux.

Cabarrus (Adrien)	220 à	250	Brion et Fonteneau	16	20
Pierre Lussac	70	75	Liquard	15	18
Delignac	60	70	Ducasse	15	18
Lambert (Château du Barrail	60	70	Jean Lussac de Roulen	12	15
Lussac (Pierre miau-che)	40	50	Teyssandier	12	16
Jean Brion	30	40	Lussac dit Jeantille	10	12
Pierre Brion, adjoint	30	35	Cocureau	10	12
Lussac	20	25	Jean Hostein	10	12
Vital Eyrem	20	25	Barbier (M.)	10	12
Lapeyre	18	20	Pierre Brion	8	10
			22 Petits pr^res faisant plus de 5 tonn.	100	180

GAILLAN.

2424 hab.—150 à 250 ton. de vin.—49 kil. de Bordeaux.

Héritiers Lussac	30 à	40	Fabre de Rieunègre	30	40
Faget	10	12	Veuve Couronneau	20	30
Héritiers Mouganne	20	25	Moutardier	40	50
Rey et Lussac	15	20	Paul aîné	15	20
Bonore S. P. de Les-parre	20	30	Pierre Monneins	15	20
			Joffre, curé	15	20

CIVRAC ET ESCURAC.

Terrain sablonneux ; quelques graves.

837 hab.—400 à 550 ton. de vin.—52 kil. de Bordeaux.

Pepin d'Escural. . .	100	110	Benillan.	12	15
De Laloubie. . . .	15	20	Teixier.	12	15
Chauvel.	25	30	Meynieu.	25	30
Cte de Ségur-Cabannac (Château-Bessan).	100	120	Figerou.	10	12
Guillory.	12	15	Moreau.	15	20
Richard.	40	50	Simon	18	20
Lussac.	30	40	Hardouin.	12	15
Gallouin.	20	25	Bijeau	7	9
Ducasse.	20	25	Lambert.	8	10

QUEYRAC.

1990 hab.—200 à 300 ton. de vin.—52 kil. de Bordeaux.

Vve. Montauroy (Chât. Carcanieux) . . .	120 à	140	Mme Carle.	18	20
Veuve Dubois. . . .	18	20	Allard.	18	20

SAINT-VIVIEN.

967 hab.—80 à 100 ton. de vin.—60 kil de Bordeaux.

Maurin frères. . . .	20 à	30	Divers p. pres. . . .	30	40
Dépé.	20	25			

CHAPITRE VII.

ARRONDISSEMENT DE LIBOURNE.

Il est situé au 44e degré 55 minutes 2 secondes de latitude Nord, et au 17e degré 24 minutes 32 secondes de longitude. Il est borné au nord par les départements de la Charente-Inférieure et de la Dordogne, au sud par l'arrondissement de la Réole, à l'est par le département de la Dordogne, et à l'ouest par l'arrondissement de Bordeaux.

Son étendue est de 128,589 hectares, dont 25,800 en vignes ; 35,361 en terres labourables ; 15,273 en prairies naturelles et artificielles ; 10,969 en bois. La surface de l'arrondissement est occupée par des coteaux et des plaines. Il se compose de neuf cantons ou justices de paix et de cent trente-deux communes. Sa population, d'après le recensement de 1841 est de 107,104 habitants, dont à-peu-près 23,000 dans les villes.

Cette partie du département est traversée par trois rivières, la Dordogne, l'Isle et la Drôme, et par plusieurs ruisseaux assez considérables ; les principaux sont : l'Engrane, la Lidoire et la Durèze qui se jettent dans la Dordogne ; la Carbanne, la Saye, le Larry qui portent leurs eaux dans la rivière de l'Isle, et les Chalaures dans ceux de la Drôme. Plus de la moitié de l'arrondissement comprise dans les belles vallées de la Dordogne et de l'Ille présente une fécondité remarquable et les plus frais paysages. Le reste du territoire offre parfois un aspect moins attrayant, mais des vallons sinueux, des coteaux capricieusement groupés lui prêtent presque partout le caractère le plus pittoresque.

Deux routes royales de Bordeaux à Lyon et à Limoges, l'une par Mussidan, l'autre par Bergerac, traversent l'arrondissement ; deux embranchements le relient à la route de Bordeaux à Paris ; partant tous deux de Libourne, ils arrivent l'un à Monlieu, l'autre à Saint-André-de-Cubzac.

Les principales productions sont en vins, grains de toute espèce, foin, chanvre et oignons.

Les 26,000 hectares de vignes produisent, récolte

moyenne, environ 575,000 hectolit. ou 63,000 tonneaux de vin, dont 190,000 hectolitres (21,000 tonneaux) sont consommés par les habitants.

La ville de Libourne renferme 9,800 habitants; elle a expédié en 1842, 1,762 bâtiments caboteurs avec chargement (du port de 54,720 ton.), et en 1843, 2,028 bâtiments (69,602 ton.). La masse des marchandises qu'elle a embarquées s'est trouvée monter :

en 1840	à 587,989 qx. métr.	dont 160,496	vins.
1841	à 992,541 »	147,726	»
1842	à 434,015 »	171,276	»
1843	à 242,104 »	144,549	»

Ce sont des expéditions de bois communs qui avaient porté si haut les chiffres de 1840 et de 1841. Voici d'ailleurs quels ont été, durant ces quatre années, les envois pour les destinations les plus importantes :

	1840.	1841.	1842.	1843.
Dunkerque.	2317	2048	2067	1849 tx.
Rouen.	2235	4279	4588	1741
La Bretagne. . .	7914	6682	10529	8287

Les vins de *St-Emilion* sont les plus renommés de cet arrondissement; ils ont une belle couleur; ils sont spiritueux et agréables, et dans les premiers crûs, ils présentent un bouquet particulier. Il ne s'en expédie pas moins de 22,800 hectolitres (2,500 tonneaux) dans les bonnes années; à la vérité, on comprend sous cette dénomination les vins récoltés dans les communes de St-Martin de Mazerat, St-Christophe et St-Laurent, qui sont les meilleurs du canton de Libourne : on désigne encore sous le nom de St-Emilion les vins que produisent St-Sulpice, Pomerol, (1) St-Georges, Montagne et Néac, canton de Lussac. Le commerce de Libourne y comprend quelquefois les vins que fournissent les communes de Lussac et Puisseguin, de Parsac même, quoique bien inférieurs : après ces vins, qui se récoltent dans le canton de Lussac, viennent les côtes de St-Magne, Castillon et Capitourlans, canton de Castillon, où finit l'arrondissement.

Un des numéros du journal le *Producteur* a donné sur les vignobles de St-Emilion des détails pleins d'intérêt et fort exacts dons nous allons faire notre profit.

Les terres à vignes de St-Émilion, dans la plaine comme sur les hauteurs, se composent presque partout d'un sable gras assez coloré reposant sur un fond d'argile et de roche. L'extrémité des hauteurs doit cependant être considérée comme un terrain calcaire, tant les débris et les délittements du roc inférieur, presque toujours voisins de la surface, s'y trouvent confondus souvent avec des argiles ; cette nature du sol est très propre à la vigne. Les sommités même où le roc se présente à nu ou seulement recouvert d'un peu de terre, de sable ou de gravier, sont couvertes de vignes. Nous avons vu, dans plusieurs vignobles de St-Emilion, des trous creusés dans le roc, remplis ensuite de terres rapportées, nourrir des ceps très vigoureux.

D'autres variétés de sol se présentent à mesure que l'on descend des sommets vers les vallées : les délittements calcaires deviennent plus rares, on ne rencontre plus alors que des sables mêlés de petit gravier ; quand ces

(1) Cette commune, à 4 k. 1/4 de Libourne, possède des vignobles qui produisent faiblement, mais les vins qu'ils donnent se recommandent par leur délicatesse et leur finesse.

rampes sont largement développées et d'une pente presque uniforme comme on le voit le long du littoral de St-Émilion à Castillon, elles ne présentent qu'un rideau de vignobles qui descend du haut des collines jusqu'à la plaine haute sabulo-graveleuse, interposées entre elles et la plaine fluviatile.

Le mode de culture est partout uniforme dans St-Émilion : les vignes y sont plantées en plein, sur un terrain cultivé à la bêche et à plan uni ; les ceps distants les uns des autres de 1 m. 30 c. à 1 m. 36 c. sont échalassés ; leur hauteur, presque partout uniforme, exepté dans les très vieilles vignes, ne s'élève pas beaucoup au dessus du sol, mais leurs pousses sont relevées verticalement et tenues ainsi le long des échalas auxquels on les lie.

Les vins de St-Émilion ne paraissent pas être tous doués du même mérite sur l'étendue du territoire de la commune : les hauteurs du sud et de l'est fournissent les meilleurs ; ceux des expositions au nord et à l'ouest ont plus de dureté ; en descendant dans la plaine, il se présente encore d'autres différences qui ne sont cependant pas assez marquées pour que l'on puisse dire que l'on passe du bon au mauvais ; les uns et les autres ont une qualité et un caractère qui leur sont propres ; ce sont en général de bons vins.

Les meilleurs cépages rouges cultivés dans les vignobles de St-Émilion sont *le Merleau*, *les deux Vidures ou Bouchet*, *le Malbeck* connu sous le nom de *Noir de Pressac*, du nom du propriétaire qui l'y multiplia.

On cultive aussi dans quelques crûs *La Chalosse noire* : grains oblongs très gros, grappe fournie rendant assez abondamment.

Le Teinturier, pampre incarnat, feuille glabre, blanchatre et cotonneuse au revers ; grains ronds et serrés, grappe courte. Il n'est employé que pour la couleur qu'il donne.

On doit remarquer que le nombre des cépages cultivés est toujours en raison inverse de la bonté des produits ; dans les vignobles où se recueillent les grands vins, on ne rencontre jamais qu'un petit nombre d'espèces.

Les vins de Saint-Émilion sont pleins, séveux, corsés et colorés, non de cette couleur violacée qui annonce d'avance un déboire désagréable, mais d'un rouge rubis qui promet un goût flatteur au palais. Ces vins ont de la durée : après vingt ans, ils n'ont pas faibli de manière à être devenus aqueux, ils conservent encore tout leur mérite natif; on nous en a cité de 1798, de 1802, que l'on rechercherait avec empressement s'il y en avait une certaine quantité.

Les frais de culture varient, suivant la nature du sol et suivant les soins dont certains propriétaires sont susceptibles. Le sol calcaire et peu profond de Saint-Émilion veut être fumé; toutes les dépenses qu'occasione cette culture peuvent être évalués à 81 p. °/₀ du produit brut. Ce produit est de 2 à 3 barriques, au prix moyen de 350 à 400 fr. le tonneau : le prix est plus élevé pour les crûs distingués du haut Saint-Émilion.

Le canton de *Fronsac* produit beaucoup de vin ; mais il n'y a que la côte de *Fronsac* et celle de *Canon* qui méritent d'être citées ; les vins dela côte de Canon ont été préférés autrefois à ceux du Médoc, quoiqu'ils aient moins de légèreté et de bouquet : ils sont très-colorés, fermes et d'un goût fumeux et capiteux. Ils se conservent très-longtemps ; leur décroissance ne commence pas avant quinze ou vingt ans; ils sont peu sujets à se décomposer.

Le Puinormand, canton de *Lussac*, fournit des vins rouges assez corsés.

Le canton de *Coutras* donne beaucoup moins de vins rouges que celui de *Guitres*, mais ils sont d'une qualité supérieure.

L'Entre-deux-Mers comprend les cantons de *Branne* et de *Pujols* ; celui de *Pellegrue*, arrondissement de la Réole ; une partie de celui de *Sauveterre* et de *Targon*, même arrondissement ; enfin de celui de *Créon*, arrondissement de Bordeaux : tout le reste au Sud se désigne sous le nom de *Benauge*. Dans l'Entre-de-Mers le transport des vins est très-coûteux dans les années abondantes ; et comme la vigne rouge est beaucoup plus dispendieuse que la blanche, les propriétaires s'attachent à cultiver cette dernière ; d'autant plus que, lorsqu'ils sont obligés de convertir leur récolte en eau-de-vie, les vins rouges ne rendent pas autant que les blancs. Le peu de vins rouges qui s'y récoltent sont produits par le *Malbeck* ou le *noir de Pressac*, le *Merlot*, le *Mancin*, le *Teinturier*, le *Cruchinet* et le *St-Macaire*. Ces vins, faits avec soin, deviennent assez agréables en vieillissant ; ils sont presque tous consommés dans le pays, il s'en fait quelques expéditions pour la Bretagne.

Les vins rouges du canton de *Ste-Foi* sont d'une assez bonne qualité et comparables aux côtes de Pujols.

Les Palus de Libourne, de Fronsac, d'Arveyres et de Genissac ne fournissent que des vins d'une qualité inférieure.

Notons en passant que les vignes dont les produits sont destinés à l'alambic, sont presque partout en joualles ; il y a ainsi économie de labours : la vigne profite des travaux et des engrais consacrés aux grains ; économie d'échalas, car, dans maintes propriétés, les cépages communs ne sont pas échalassés ; économie de barriques, on vend le plus souvent ces vins quittes de fut ; les brûleries ambulantes les emploient aussitôt. Un hectare de bonnes joualles peut donner, année commune, 5 à 6 tonneaux de vin.

Les 32 ares (un journal) de vignes coûtent dans les cantons de Libourne et de Fronsac 1,800 à 2,000 fr.; ils produisent, récolte moyenne, 1,140 à 1,368 litres (5 à 6 barriques) de vin rouge. Les frais de culture sont comme suit :

Avances annuelles.

Pour apprêter la vigne.	Tailler, pauler et plier les bois.......... 8f Épamprer, lever et effeuiller la vigne. 3		
»	Trois façons de bêche.......... 20	31f	»c
»	Échalas et vîmes..........................	15	»
»	Provins....................................	1	»
»	Frais de vendange........................	8	»
»	Cinq barriques, à 144 fr. la douzaine...	60	»
»	Impôts.....................................	4	»
»	Fumage.....................................	»	»
»	Entretien des vaisseaux vinaires.........	1	»
»	Entretien des clôtures et autres cas imprévus..................................	1	»
»	Transport à Bordeaux (3 barriques)....	3	»
»	Courtage..................................	3	75
		127f	75c

Produit brut.

Le prix moyen de 912 litres (1 tonneau) de vin rouge est de 175 fr. Les 32 ares (1 journal) donnent, récolte moyenne, 1,140 litres (5 barriques) 218f 75c

PARTAGE DE CE PRODUIT TOTAL.

Pour les avances annuelles........	127f	75c		
» Les intérêts des avances annuelles, à 5 p. cent.....	6	38		
» Le renouvellement de la vigne, la dépense de culture pendant 5 années, la privation du revenu pendant ce même temps..........	6	»		
» Indemnité des pertes causées par la grêle, la gelée, etc., le 20me du produit total...,............	10	92		
			151	5
PRODUIT NET (1)......			67f	70c

Voici l'énumération des communes de l'arrondissement de Libourne qui s'adonnent le plus à la culture de la vigne : les Billaux, 160 à 180 tonneaux ; Pomerol, 400 à 500 tonneaux ; Izon, 1200 à 1400 ; Naujeon et Portiac, 600 à 700 ; Curson, 170 à 200 ; Dardinac, 160 à 180 ; Moulon 1500 à 2000 ; Castillon, 700 à 800 ; Sainte-Terre, 100 à 120 ; Saint-Étienne de Lissé, 800 à 900 ; les Peintures, 350 à 400 ; Saint-Médard, 150 à 180 ;

(1) M. Jouannet évalue les frais à 81 pour 100 du produit brut, pour les crûs de Saint-Émilion, Saint-Christophe, Pommerol, Saint-Laurent de Combes, Saint-Sulpice de Faleyras. Ce produit, ajoute-t-il, est de deux à trois barriques, du prix moyen de 300 à 350 fr. le tonneau. Le prix est plus élevé pour les crûs distingués du haut Saint-Émilion et de Canon.

Pineuilh, 190 à 220 ; Ligneux, 200 à 220 ; Saint-Quentin de Caplong, 300 à 350 ; Saint-Avid de Moiron, 250 à 300 ; Fronsac, 2200 à 2600 ; Larivière, 300 à 350 ; Villegouge, 900 à 1000 ; Galgon et Queynac, 1200 à 1300 ; Guîtres, 200 à 250 ; Saint-Denis de Piles, 1500 à 1800 ; Bayas, 700 à 800 ; Lapouyade, 250 à 300 ; Saint-Christophe-de-Bardes, 450 à 600 : Puysseguin, 600 à 800 ; Pujols, 300 à 400 ; Saint-Vincent-de-Paule, 900 à 1100 ; Saint-Jean-de-Blaignac, 350 à 400 ; Coubeyrac, 250 à 350 ; Doulezen, 180 à 240 ; Sainte-Radegonde, 200 tonneaux.

Afin de donner une idée de la valeur proportionnelle des diverses qualités des vins de l'arrondissement de Libourne, nous reproduirons le prix-courant d'une récolte de réussite satisfaisante sans être supérieure :

Haut Saint-Émilion.—1re Qualité : Haut-Saint-Émilion, 450 à 500 ; 2me qualité : Saint-Christophe, Saint-Laurent et Saint-Martin Mazerat, 325 à 400 ; 3me qualité : Sables, 250 à 300 ; CANON, côtes de Fronsac, 450 à 500.

Côtes de Fronsac.—1re Qualité : Fronsac, Saint-Michel, Larivière et Saint-Germain, 300 à 350 fr. ; les mêmes, 2me qualité, 275 à 300 ; 3me qualité : Saillans, Saint-Aignan, et autres communes circonvoisines, 200 à 240.

Graves. — 1re Qualité : Pommerol, 400 à 450 ; 2me qualité, Pommerol et Néac, 300 à 350 ; 3me qualité, Vayres, 275 à 300.

Côtes ; Gensac, Castillon, Sainte-Foy, etc., etc. — 1re qualité, 210 à 240 ; 2me qualité, 200 à 220 ; 3me qualité, 190 à 200.

Palus de Libourne.—Izon, Saint-Romain, île du Carney et Saint-Germain, 220 à 230 ; Arveyres, Moulon, Genissac et Saint-Sulpice, 210 à 220 ; Larivière, Nausé-grand et Fronsac, 200 à 210 ; Anguieux et Saint-Denis, 190 à 200 ; 1re qualité : Sainte-Foy et Lamothe-Monravel, 270 à 290 ; 2me qualité : environs de Sainte-Foy, 230 1re qualité : Castillon et communes circonsvoisines, 180 à 200 ; 2me qualité : Castillon, bonnes côtes, 170 à 180 ; 1re qualité : Graves de Vayres (Entre-deux-mers) 180 à 225 ; 2me qualité : diverses communes de l'Entre-deux mers, 150 à 160.

CHAPITRE VIII.

ARRONDISSEMENT DE LA RÉOLE.

Cet arrondissement borne le département à son extrémité sud-est ; il est limité à l'est et au sud par le département de Lot-et-Garonne ; au nord, par l'arrondissement de Libourne, et à l'ouest par celui de Bordeaux et par la Garonne, qui lui sert de limite depuis la commune de Lamothe jusqu'à celle de St.-Mexant après St.-Macaire. Il est arrosé par le Drot dans la direction du sud-est au nord-ouest. La route royale de Bordeaux à Toulouse, les routes départementales de Libourne à Bazas et de La Réole à Bazas le traversent.

Le terrain situé le long de la rivière, est plat et sujet aux inondations ; celui de l'intérieur est montueux ou coupé de coteaux. On y récolte, sur environ 110,000 hectares, toute espèce de grains, du chanvre, du lin, des fruits à pepin et à noyau, et du vin dont plus des deux tiers se convertissent en eau-de-vie. Les propriétaires, dirigeant la culture de la vigne beaucoup plus vers la quantité que la qualité, ne récoltent que des vins de basse qualité. Les vignes s'y cultivent en partie à bras d'hommes et en partie avec des bœufs ; elles s'étendent sur une superficie de près de 18,000 hectares.

L'arrondissement de La Réole est composé de 6 cantons ou justices de paix et de 105 communes. Sa population est de 53,671 habitans. Sa superficie totale est de 71,729 hectares dont 25,754 de terres labourables, 9,376 de prairies, 17,331 de vignes et 6,059 de bois.

Lorsqu'on parcourt, par la grande route, cette portion du département, depuis son extrémité sud jusqu'à la commune de St.-Mexant, qui la termine au nord, on jouit d'une vue très-agréable : sur la gauche est la Garonne, qui dirige son cours à travers des plaines cultivées et fertiles ; sur la droite on aperçoit une longue chaîne de coteaux couverts de bois, de vignobles et d'autres productions de l'agriculture. Cet arrondissement est un des plus fertiles du département ; la culture y est assez bien entendue : on peut, sans exagération, le mettre en parallèle avec les plus riches campagnes de la France. St.-Macaire et ses environs peuvent produire 92,000 à 110,000 hectolitres (10,000 à 12,000 tonneaux) de vin. Les crûs bourgeois n'y sont pas plus distingués que ceux des bons paysans et ne se vendent guère plus cher. Le goût de terroir est très-sensible dans ces vins, qui, en général, sont excessivement colorés, mais dépourvus de spiritueux et très-rapeux, vice qui leur vient de la manière dont on les fait. Ils n'ont point de corps, et leur lie tombe beaucoup plus promptement que celle des autres vins du département ; c'est pour cela qu'autrefois les armateurs faisaient leurs premières cargaisons de vins avec ceux-ci, pouvant les charger six semaines avant que les autres fussent en état d'être transportés. Ils s'expédient à Paris et pour la Bretagne, ou bien, coupés avec des vins blancs, ils servent à la consommation des cabarets de Bordeaux. Les vins qui méritent quelque préférence sont récoltés dans les communes d'*Aubiac*, de *Verdelais*, de *S^t.-Mexant* et de *S^t.-André-du-Bois*. La commune de *Cauderot*, à 6 kilomètres sud-est de S^t.-Macaire, produit des vins supérieurs aux précédents ; ils se distinguent par plus de corps et une couleur plus vive.

La petite ville de S^t.-Macaire existait dès le temps du bas-empire ; des débris de constructions antiques, des médailles, des mosaïques trouvées dans son enceinte ne permettent pas d'en douter. L'église est un monument fort remarquable d'architecture romane. Le château n'offre que des ruines, mais les murs de son donjon, épais de trois mètres, ont résisté à tous les efforts du temps et des hommes. La tonnellerie de S^t.-Macaire jouit d'une réputation méritée. Population, 1,513 habitants : citons encore dans cet arrondissement les communes de *Lamothe-Landiran*, 900 à 1,000 tonneaux, de *Casseuil*, 250 à 300 ; de *Mesterieu*, 150 à 200, de *Pellegrue*, 600 à 700 ; de *Cazaugitat*, 300 à 400 ; de *Soussac*, 350 à 400 ; de *Landerronat*, 180 à 200 ; de *Saint-Jerme*, 500 à 600 ; de *Saint-Félix*, 160 à 200.

CHAPITRE IX.

ARRONDISSEMENT DE BAZAS.

L'arrondissement de Bazas est situé à l'extrémité sud du département ; il est limité au midi par une partie du département des Landes, qui le borne également au couchant; au nord par l'arrondissement de Bordeaux et par la Garonne; à l'est par l'arrondissement de la Réole et le département du Lot-et-Garonne.

Cet arrondissement est composé de 7 cantons ou justices de paix et de 68 communes. Sa population est à peu près de 55,000 habitants. Sa superficie, de 120,433 hectares, comprend 29,363 hect. terres labourables, 8,301 de prairies, 10,062 de vignes, 23,603 de bois, 41,385 de landes et bruyères. Le Ciron divise son territoire en deux parties, qui diffèrent de nature et d'aspect. Du côté de l'Ouest, le sol est couvert de sables et de landes, il ne produit que du bois, principalement du pin, du goudron et de la résine; les productions du côté de l'Est consistent en froment, en seigle, en maïs et en une très-petite quantité de vins rouges qui ne jouissent d'aucune réputation; le peu qu'on y récolte est consommé par les habitants. Les communes de Bommes et de Sauternes fournissent au contraire des vins blancs très estimés; on les range dans la classe des premiers vins blancs du département; nous en parlerons dans un des chapitres suivants.

CHAPITRE X.

ARRONDISSEMENT DE BLAYE.

Il est borné au nord et à l'est par le département de la Charente-Inférieure; au sud par les arrondissements de Libourne et de Bordeaux; à l'ouest par la Garonne et la Gironde. La partie septentrionale est plate et un peu boiseuse ; celle qui est située au midi forme une suite de collines de l'ouest à l'est. La partie du couchant, limitée par la Gironde, présente, depuis le Bec-d'Ambès jusqu'à Blaye, une côte élevée et pierreuse, et depuis Blaye jusqu'à ses limites nord, un sol plat sans arbres et entièrement découvert, sur une étendue d'environ quinze kilomètres. Près de Blaye s'étendent des marais dont le sol gras et productif se divise en terres à blé et en prairies ; les premières sont des fonds alluvionnels très-fertiles ; les autres, plus rapprochées du fleuve, en sont séparées par une digue et par une lisière de terre que les eaux dégradent souvent. Le sol de la plaine haute, tantôt sablonneux et léger, tantôt pierreux et argilo-calcaire, varie beaucoup ; il est en général assez productif, ainsi que les côteaux.

La surface de cet arrondissement est à-peu-près de 72,347 hectares, dont 10,460 en vignes, 19,200 en terres labourables, 9,300 en prairies, 3,009 en bois taillis et bois de pin ; 8,500 en terres incultes, bruyères et landes.

Cet arrondissement est composé de 4 cantons, qui ont pour chefs-lieux Blaye, Bourg, Saint-Savain, Saint-Ciers-Lalande, et de 61 communes. Sa population est de 57,187 habitants.

Dans les cantons de Blaye et de Bourg, le principal produit de l'agriculture est en vin. Dans ceux de *Saint-Ciers-Lalande* et de *Saint-Savain*, en grains de diverses espèces, et en foins. On recueille aussi du vin dans ces deux derniers cantons, mais plus de blanc que de rouge. Cet arrondissement donne, récolte moyenne, 280,000 hectolitres environ de vin.

Le port de Blaye a expédié, en 1842, 627 navires

chargés, jaugeant ensemble 18,470 tonneaux et en 1843, 582 navires, 17,736 tonn. Les quantités de vins qu'il a embarqués, en partie en destination de Bordeaux, ont été :

en 1838, 15,737 ton.	en 1841, 12,385 ton.
1839, 7,526 »	1842, 9,115 »
1840, 11,013 »	1843, 13,030 »

Le canton de Blaye fournit à-peu-près 8,000 à 9,000 tonneaux de vin rouge ; la plupart sont mous et ont du terroir ; leur couleur, quoique foncée, est terne ; il y a cependant quelques crûs qui méritent d'être distingués dans la banlieue de Blaye, et dans les communes de *Cars*, *Saint-Luce* et *Saint-Paul*. Les communes de *Fours*, de *Cartelègue*, de *Birson*, *Saint-Androny*, s'adonnent aussi à la culture de la vigne. Mais les limites que nous devons nous imposer, ne nous permettent pas d'entrer, à leur égard, dans des détails circonstanciés.

Le canton de Bourg est la contrée la plus pittoresque du département. On y trouve les sites les plus gracieux et les points de vue les plus beaux. L'air y est très-sain et l'eau excellente. La nature du sol, ainsi que le remarque fort bien M. Jouannet, y varie beaucoup ; là, c'est une terre argilo-calcaire, ocracée par endroits, mêlée de graviers et trés propre à la vigne ; ici, vous trouvez des terres marneuses ; ailleurs, le sol est léger, sablonneux, mêlé d'une terre ou noirâtre ou grise. Sur les bords de la Dordogne et du Moron, ce sont des terres alluvionnelles consacrées aux saussées et aux prairies ; sur les coteaux et sur leurs pentes, presque tout est en vignes. Dans la plaine on cultive le blé, les légumes, surtout la pomme de terre, et, comme dans tous les autres cantons de l'arrondissement, un peu de chanvre.

Les vins sont généralement moins colorés que ceux

du Blayais ; mais ils ont de la finesse, plus de corps et moins de terroir : je dirai même que ceux récoltés dans la banlieue de Bourg, dans les paroisses de la Libarde et Camillac, et dans les premières communes, telles que Bayon, St- Seurin, etc., en sont absolument exempts. Quand ils n'ont pas éprouvé la fatigue de la mer, il faut attendre au moins 8 à 10 ans pour les boire dans leur bonté. Ces vins ont eu long-temps la préférence sur ceux du Médoc; maintenant le commerce de Bordeaux n'assimile aux petits vins de Médoc, que les premiers crûs du Bourgeais ; cependant, dans une bonne année, ils sont spiritueux, d'une très belle couleur et susceptibles d'acquérir, en vieillissant, de la légèreté, du bouquet et un goût d'amande très-agréable : de tous ceux du Bordelais, ce sont peut-être les seuls alors qui se rapprochent le plus des bons vins de Bourgogne.

Toutes les vignes dans cet arrondissement se travaillent à bras d'hommes et à la bêche. Les cépages les plus généralement cultivés dans le canton de Bourg, sont, en rouge, le *Merlot*, le *Carmenet*, le *Mancin*, le *Teinturier*, la *petite Chalosse noire*, le *Prolongeau* dans les terrains maigres, et le *Verdot* dans les palus. On trouve encore parmi les vieilles vignes, des espèces qu'on ne plante plus.

Les frais de culture de 36 ares (un journal) de vigne, dans les bonnes côtes du Bourgeais, sont à peu près comme suit :

AVANCES ANNUELLES.

Pour apprêter la vigne.	Tailler, pauler et plier les bois........	15f	42f »c
	Épamprer, lever et effeuiller la vigne	5	
»	Trois façons de bêche (1).....	22	

(1) On ne donne guère que deux façons de bêche qui coûtent même prix que la taille.

	Report.	42f	»c
«	Échalas et vimes.	25	»
»	Provins.	1	50
»	Frais de vendange (1)	10	»
»	Trois barriq. à 144 fr. la douzaine (2).	36	»
»	Impositions.	5	»
»	Fumage (3).	»	»
»	Entretien des vaisseaux vinaires (4). .	2	14
»	Entretien des clôtures et autres cas imprévus.	1	50
»	Transport à Bordeaux (3 barriques). .	1	12
»	Courtage à 2 pour cent.	3	74
		128f	»c

PRODUIT BRUT.

Le prix moyen de 912 litres (1 tonneau) de vin rouge est de 250 fr. : les 36 ares produisent, récolte moyenne, 684 litres (3 barriques). 187f 50c

PARTAGE DE CE PRODUIT TOTAL :

Pour	les avances annuelles.	128f	»c
»	Intérêts des avances annuelles à 5 pour cent.	6	40
»	Couverture du cellier et cuvier.	1	»
	A reporter. . .	135f	40f

(1) Subordonnés à la quantité de vin.

(2) On compte en général que le journal du Bourgeais, qui contient 36 ares 65 centiares, c'est-à-dire, à très-peu de chose près 1/7 de plus que le journal Bordelais, produit, récolte moyenne, 912 litres (4 barriques) de vin.

(3) On ne fume pas ordinairement les vignobles du Bourgeais.

(4) Nous portons ici le rabattage des barriques de la piquette et le dépérissement des vaisseaux vinaires.

Report. . . .	135f	40c	187f	50c
» Renouvellement de la vigne tous les cent ans.	2	»		
» Dépense de culture pendant 5 ans.	2	45		
» La privation du revenu pendant ces mêmes années (1).	» 4	» »		
» Indemnité des pertes causées par la grêle, la gelée, etc., le 20me du produit total.	9	35		
			153	20
Produit net.			34f	30c

Passons à la description communale du canton de Bourg. Je commence par les communes de Prignac et de Cazelle, en faisant remarquer que les vins récoltés dans ces deux communes ne doivent point figurer spécialement parmi ceux du Bourgeais; il n'en ont ni la finesse, ni le corps, ni le bouquet, ils ne peuvent être considérés que comme vins de Palus. Les vignobles qui les donnent sont principalement peuplés par le *Mancin* et le *petit Verdot*.

PRIGNAC.

466 hab.--400 à 500 ton. de vin r.--20 k. de Bordx.

Cartanet.	150 à	200
De Saluces.	50	60
Durand.	70	80
Geraud.	60	70
Artaud.	12	15
Cavignac.	10	12

(1) Les vignes commencent à donner à quatre ans.

CAZELLE.

340 hab. -- 150 à 250 ton. de vin r. -- 20 k. de Bordx.

De Soyres (avec son bien de Labarde)	60	70	Donis	10	12
De Saluces	50	60	Doris	10	12

BOURG.

Cette commune, sur la rive droite de la Dordogne, produit les vins rouges les plus estimés de ceux qui sont connus sous la dénomination générale de *vins de Bourg*. Ils ont une belle couleur, beaucoup de corps, et ils acquièrent en vieillissant un bouquet fort agréable; leur déclin ne commence pas avant 25 ou 30 ans. C'est dans la banlieue de cette ville que se trouve le *Château Dubosquet*, à M. le vicomte du Barry, un des premiers crûs du Bourgeais : on y récolte, année commune, 50 à 70 tonneaux de vin.

Les vins du Bourgeais se divisent en quatre classes dont les prix se calculent en général d'après la proportion suivante : Supposez que la première classe se paie de 280 à 300 fr. le tonneau, la seconde obtiendra 230 à 275, la troisième 200 à 225, la quatrième 180 à 200. Les communes classées sont celles dont nous allons donner les listes; on y joint quelques crûs de Saint-Trojan, de Tauriac, et de Lansac. La première classe contient 5 crûs, la deuxième, 45 à 50; la troisième, 100 à 110; la quatrième comprend quelques vignobles de Marcamps et de Villeneuve. Nous indiquons par le chiffre 1, entre parenthèse, et par le chiffre 2, les crûs qui appartiennent à la première classe et une partie de ceux que l'on range dans la seconde.

Le produit des vignobles du Bourgeais s'est accru d'une manière notable depuis 15 à 20 ans, et l'arrondissement récolte maintenant de 10,000 à 15,000 tonneaux.

Le port de Bourg a expédié, en 1842, 401 navires jaugeant ensemble 8,655 tonneaux, et en 1843, 422, du port de 10,311 tonneaux. Il a chargé, pour le cabotage, 1,072 tonneaux en 1840, 766 en 1841, 920 en 1842. 1,569 en 1843.

2564 hab.—1500 à 2000 ton. de vin r.—20 k. de Bord^{x}.

Vicomte de Barry (1)	50 a	70	Lafitte	20	25
Peychaud, notaire	25	30	Étienne (Joseph)	10	15
Veuve Courpon (2)	80	90	Dusseau	25	30
Charlus (Barbier), maire (1)	115	120	Boudrefox	10	15
Gaillard (Antoine) (2)	10	12	Magol	10	12
Rambaud fils aîné	10	15	Bouillon	10	12
Veuve Daleau	20	30	Labourdette	12	15
Guyard (Louis) (2)	20	25	Subercazeaux	15	20
Veuve Galice	12	16	Pastoureau	12	15
Goyaud	10	12	De Chal	10	15
Henriette Despaignet	15	25	Dumeyniou	20	25
Bertin (Charles)	20	25	Demesnil	15	20
Marseau (Joseph)	15	25	Jagou	15	20
Célerier	35	40	Texier (Ulysse)	10	12
			Mallard (Jacques)	10	12

CAMILLAC.

Cette paroisse est réunie depuis long-temps à la commune de Bourg. Elle est située sur la même rive, au nord-ouest de la ville. Les vins de Camillac sont légers, agréables, et bons à boire au bout de 5 ans.

Gellibert (J.) (2)	35 à	40	Allard	15	20
Peychaud, receveur (1)	12	15	Auduteau dit Charlet (2)	12	15
Leydet d'Aubic	12	15	Mlle Peychaud, à St.-Seurin	10	12
Pascault	20	25			
Joubert	25	30			

LA LIBARDE.

La Libarde, située au nord de Bourg, lui a été réunie, il y a quarante ans; ses vins ont les mêmes qualités que ceux de la banlieue de Bourg, toutefois, leur plus grande dureté empêche l'entier développement de leurs qualités avant la dixième année.

Veuve Sou (2). . . .	25 à	30	Peychaud.	15	20
Berniard jeune (2). .	10	12	Héritiers Labadie. .	15	20
Berniard Cossade, (Pierre).	15	20	Bertiaud-Louis. . .	10	12
Renaud (2).	20	30	Berniard (Pierre), à Lalibarde. . . .	10	12
Montbrun (2). . . .	35	40	Labourdette.	15	20
Bouillon (2).	10	12	Dumeniou.	10	20
Noël (2).	20	30	Faurie.	10	15
Dumas, de St-André.	15	20	Mallard.	10	15

BAYON.

Bayon, situé sur la rive droite de la Gironde, vis-à-vis l'île de *Cazeau*, fournit de très-bons vins. Ils rivalisent avec ceux des meilleures communes du Bourgeais, quant à la couleur, au corps et au bouquet. C'est cette commune qui possède deux des premers crûs de la contrée, l'un connu autre fois sous le nom de *Tajac*, et l'autre sous celui du *Château de Falfax*. Ces vins ayant besoin de vieillir long-temps pour être bus dans toute leur bonté, ne jouissent de la réputation qu'ils méritent que parmi un petit nombre de connaisseurs.

Ajoutons que Bayon, placé dans une position agreste, sur un coteau de la rive droite de la Dordogne, se recommande par une belle église d'architecture romane.

1428 hab.—700 à 800 ton. de vin r.—20 kil. de Bord^{x}.

Marsaud (à Tajac) (1)	70	100	De Chatenier, au chât. de Falfax (1). . .	60	70
Viaud (2).	45	65			

Dupouy.	18	25	Grimard frères. . .	20	25
Veuve Cazeaux. . .	20	30	Veuve Allard. . . .	20	30
Saint-Cricq.	25	30	Sou.	10	15
Gérus.	12	15	Roux.	10	12
Malambic (J. B.). .	12	16	Benassit.	10	12
Ribadieux (A.). . .	30	45	Pierlot, à l'île Cazeau	200	250
Bonnefon.	8	12			

GAURIAC.

Cette commune est bornée, au Nord, par Villeneuve; au Midi, par Bayon; à l'Orient, par Comps, et à l'Occident, par la Gironde. Son territoire offre en foule les paysages les plus pittoresques; ses terres bien cultivées, sont pour la plupart d'une grande fertilité. Les vins qu'elle produit, regardés comme une classe intermédiaire entre les divers crûs du Bourgeais, sont pourvus d'une belle couleur et de beaucoup de corps, mais ils ont plus de rudesse et de dureté que ceux de Bourg et de Bayon.

1779 hab.—700 à 800 ton. de vin r.—22 kil. de Bord[x]

Jean Viaud.	40	50	Eymery.	35	40
Chambord (2). . . .	20	25	Veuve Vallerie. . .	12	15
Pastoureau.	40	50	Jean Charruaud. . .	10	12
Veuve de Paty. . . .	10	12	Pierre Cousteau. . .	15	20
Dechamps (F. B.). .	40	45	Pierre Landard. . .	10	13
Sébastien Allard. .	12	15	Pierre Migne.	12	15
Vve. de Jean Allard.	12	15	Robert Mériadeck. .	12	15
Barril (J. P.). . . .	45	50	Sourget, à l'île du Nord.	80	100
Faugère.	12	15			
Roy Frères.	20	25			

VILLENEUVE.

Les vins de cette commune ont quelque ressemblance

avec ceux de Gauriac; dépourvue de bois taillis, elle offre des prairies d'une bonne qualité.

439 hab.—1000 à 1200 ton. de vin r.—24 kil. de Bord[x].

Baron de Brivazac (2)	100 à	130	Joubert.	20	25
Dupleix.	30	40	Déchamps.	50	60
Mlles Laulanier. . . .	35	45	Edmond Sinan. . .	30	30
Gravereau cadet. . .	10	12	Menard.	10	12
Sinan, dit le Grand. .	45	55	Eymery.	15	20
Février.	15	20	Madame Goize (2). .	25	35
Veuve Blay.	15	20	Louis Goize fils. . .	20	30
Roy.	20	25			

SAMONAC.

Cette commune, dont le territoire est très-accidenté, produit les vins les plus estimés parmi ceux qui se récoltent au centre du Bourgeais; elle est limitée au levant par celle de Monbrier; au couchant par celle de Comps; au midi par celles de St-Seurin et de Lansac, et au nord par celle de St-Trojan.

Parmi 160 propriétaires environ de vignobles dans cette commune, il n'y en a guère que dix à douze qui récoltent au-delà de dix tonneaux de vin rouge. M. Sunder est au nombre de ces derniers, le vin qu'il recueille dans son beau domaine du *Château-Rousset* participe de toutes les qualités des premiers crûs de ce canton.

482 hab. – 1000 à 1500 ton. de vin r. 24 kil. de Bordx.

Sunder, au château Rousset (1). . .	110 à	250	Martin Sou, maire. .	20	25
Pierre Guignerot. .	60	75	Auduteau Meunier. .	15	20
Decharmoy.	50	60	Jean Renaud aîné. .	15	20
Joseph Gayet. . . .	55	30	Renaud cadet. . . .	15	20
Veuve Héraud. . . .	25	30	Louis Sou.	10	15
Robert Janvier. . . .	20	25	Godric, notaire. . .	10	15

SAINT-SEURIN DE BOURG.

Cette commune confine à celles de Bayon, de Comps et de Samonac. Les grands propriétaires sont en petit nombre. Les vins récoltés dans les vignobles des demoiselles Lagrave, de madame de Bellotte et de M. Roy, sont estimés des connaisseurs, et se rangent dans la deuxième classe.

COMPS.

Cette petite commune, située sur un terrain ondulé, est bordée à l'est par celle de Samonac; à l'ouest, par celle de Gauriac; au nord, par celle de Saint-Ciers-de-Canesse; et au sud, par celle de Saint-Seurin. Elle fournit des vins qui entrent dans la troisième classe de ceux du Bourgeais.

472 hab.—300 à 350 ton. de vin r.—24 kil. de Bordeaux.

Veuve de Paty. . .	40 à	50	Guillaume Roy. . .	10	12
Panvif, maire. . . .	20	25	Pierre Bayard. . . .	10	12
J. Clair Roy.	20	25	Jean Duranthon. . .	10	12
Veuve Garnier. . . .	30	40	Faure.	10	12
Veuve Quimeau. . .	29	25	Etié jeune.	10	12
Guillaume Bayard. .	10	12			

SAINT-CIERS-DE-CANESSE.

Les vins de cette commune sont légers et agréables : on estime surtout ceux qui sont récoltés dans les vignobles du village de Bitot.

901 hab.—900 à 1100 ton. de vin r.—25 kil. de Bordeaux.

Aubiet.	30	40	Dubreuilh.	15	20
Barade (2).	10	12	Jean Dulaurier. . .	10	12
Degarde.	15	20	Pierre Dulaurier. . .	10	12
Demons.	30	40	Garceau.	10	12
Dechamps aîné. . .	80	100	Grenier.	30	40

Pierre Hereau. . . .	10	12	Paimchaud.	10	12
Jean Herit.	10	12	Plumeau.	30	40
Landard frères. . .	10	12	Jean Roy fils (2). . .	12	15
Largeteau frères. . .	30	40	Sellon.	12	15
Auguste Laveau. . .	10	12	Louis Sou.	10	12
Veuve Lévêque. . .	25	30	Charles Sinan. . . .	10	12
Jean Loumeau. . . .	10	12	Sinan, le grand. . .	25	30
Maran.	12	15			

La commune de Saint-Seurin de Bourg donne des vins estimés ; celle de *Marcamps*, *Tauriac*, *Lansac*, *Pugnac*, *Monbrier*, *Tuilhac*, et *St-Trojan*, situées dans la partie orientale du canton de Bourg, produisent, en général, des vins inférieurs à ceux connus sous la dénomination de *vins de Bourg* : ils n'en acquièrent en vieillissant ni le bouquet, ni le corps, ni le goût d'amende.

Quelques crûs cependant, dans Tauriac, occupent le second rang. Lansac récolte de bons vins ordinaires, quelques-uns ont du terroir. Monbrier occupe le même rang que celui de Lansac. Tuilhac, vins ordinaires. Saint-Eugène récolte en général de bons vins. Ces sept communes fournissent à elles seules de 3,000 à 4,000 tonneaux.

La commune de Marcenais (canton de St-Savin), donne des vins blancs fort médiocres, et qui sont convertis en eau-de-vie.—180 à 200 tonneaux.

CHAPITRE XI.

VINS BLANCS.

Les vins blancs que produit le sol de la Gironde ne le cèdent point en célébrité à ses vins rouges, et l'on sera bien aise de trouver ici, à leur égard, quelques détails recueillis avec soin et controlés par les juges les plus compétents.

Nous avons déjà fait connaître (chap. IV) quels étaient les cépages employés dans les vignes blanches ; nous avons donné des détails sur les modes de culture ; il nous reste à indiquer les frais ; nous reproduirons, avec quelques modifications, un état qu'un agronome célèbre, Bosc, a cité dans les *Annales de l'Agriculture* (1825, t. XXX, p. 137), et qui s'applique à un crû de Sauternes, composé de 12 journaux, et donnant 12 tonneaux de vin.

Frais de cultures et autres.

Achat d'une paire de bœufs, leur harnais, deux charrues, une charrette et un chariot, 1,400 fr., dont l'intéret est	70f	»c
150 quintaux de foin pour la nourriture des bœufs	450	»
A Reporter	520f	»c

Report.	520f »c
Gages de 4 hommes, en argent, 60 fr. à chacun.	240 »
Nourriture de ces 4 hommes et de leur famille	1,008 »
Gages d'un bouvier : argent, 90 fr. ; seigle, 24 boisseaux à 12 fr. l'un.	378 »
Echalas, 8,000 à 40 fr. le mille.	320 »
4 quintaux de jonc carré	60 »
20 charretées de bruyère, à 9 fr. l'une. . . .	180 »
44 barriques à 181 fr. 80 c. la douzaine. .	666 60
Port à Bordeaux, droits de mouvement à 15 fr. par tonneau	165 »
Soutirage à 1 fr. 50 par tonneau.	16 50
Courtage, 2 p. °/o sur 7,200 fr. (12 tonneaux à 600 fr.).	144 »
Total	3,698f 10c

Il faut remarquer que si l'on ne vend pas en primeur, les 12 tonneaux sont réduits à 11 dès le mois de mars, et que ces frais varient d'ailleurs notablement suivant les communes.

Dans les communes de St-Pey, Langon et Toulenne, nous ferons comme M. Jouannet (*Statistique*, t. 11, p. 388) ; nous nous réglerons sur la manière dont le cadastre a établi ses calculs. Le rapport des frais au produit brut est là de 78 à 80 p. °/o.

Un journal de Langon, 67 ares 11 centiares, rend, année commune, 6 barriques de vin blanc, à 200 fr. le tonneau, et 2 barriques de vin rouge, à 23 fr. 50 c. la barrique, franche de fût.

Les 6 de vin blanc	312f	»c
Les 2 de rouge	47	»
TOTAL	359f	»c

Frais de culture et autres à déduire.

3 façons de bêche employant 44 journées, à 1 fr. 50 c.	66f	»c		
Engrais	9	»		
Planter les échalas, 22 journées à 1 fr. 25 c.	27	50		
1,000 échalas, rendus sur les lieux.	42	»		
Osier, 3 gerbes	9	»		
Levage, effeuillage, 12 journées à 60 c.	7	20		
Epamprement, 3 journées à 1 fr. 25 c.	3	75	280	13
Replantation, provignage, repeuplement, 1/16 du produit brut du blanc	19	50		
6 barriques pour le vin blanc, à 147 fr. la douzaine	73	50		
Entretien du pressoir et des vaisseaux vinaires	9	50		
Entretien des haies et fossés, 4 journées à 1 fr. 50 c.	6	»		
Courtage, à 2 p. %	7	18		
Reste net			78f	87c

Dans les communes de La Brède, Saint-Selves, Saint-Morillon, les vignobles ne donnent que des vins ordinaires; le journal de 32 ares rend, année moyenne, 3 barriques de vin blanc, 112 fr. 50 c. et une demi barrique de vin rouge, 25 fr. ; en tout, 137 fr. 50 c. Les frais réunis s'élèvent à 112 fr., et le produit net à 25 fr. 50 c., dont il faut déduire l'impôt ; mais on n'a pas compté le produit des sarments estimé 3 fr. par journal.

La masse des vins blancs qui entrent dans le commerce est bien moindre que celle des vins rouges, et ces derniers obtiennent, dans les grandes années, et à réussite égale, des prix bien supérieurs ; tandis que les cours, pour les vins rouges, s'échelonnent entre les limites extrêmes de 300 à 3,000f, ils restent de 200 à 1,500f pour les blancs.

Ce qu'on demande aux vins blancs c'est de la liqueur et de la force. L'excès de maturité qui produit la partie suavée, transformée plus tard en alcool (liqueur), ne nuit jamais chez eux à la délicatesse de goût ni au développement du parfum. Aussi peut-on prédire avec assurance la bonne réussite des vins blancs lorsque, par une température chaude et riche, le raisin a acquis une parfaite maturité, et qu'il a pu être récolté avec soin et sans humidité.

Nous allons suivre la rive gauche de la Garonne, en nous plaçant à l'extrémité orientale de la zône qui donne les vins blancs et en descendant le fleuve du côté de Bordeaux, le long duquel se placent les communes dont les produits en ce genre sont renommés.

LANGON.

Cette commune est limitée au nord par la Garonne, à l'est par Saint-Pey, au sud par Fargues et à l'ouest par Toulene, Bommes et Sauternes. On y récolte des vins rouges qu'absorbe la consommation du pays, et des vins blancs estimés qui contiennent une grande quantité d'alcool. Ceux des meilleurs crûs se vendent 200 à 250 fr.

le tonneau, dans les années où la qualité est reconnue bonne, et de 150 à 200 fr. dans les années abondantes, ou d'une qualité médiocre.

3986 hab.—700 à 900 ton. de vin.—46 kil. de Bordeaux.

Colas.	15 à	20
Goua.	10	12
Merle.	20	35
Colas.	25	30
Fourcassie.	15	20
Clazon.	12	15
De Chateau	20	25
Pardiac.	12	15
Castaing.	10	12
Lamalétie.	12	15
Bidos.	12	15
Coycault, notaire. .	10	12
Ducasse.	10	12
Lafargue.	10	12
Lafargue (Edmond).	10	12
Gervais.	10	12
Brannens.	15	20
Boissonneau.	12	15
Fourrat.	12	15
De Mirambet. . . .	10	12
Grenier.	12	15
Cazenave (Champré).	10	12
Dupont.	10	12
Capdeville.	10	12
Villefranche. . . .	12	15
De Baritaut.	10	12
Ardusset	12	15
Durrieu.	12	15

SAINT-PEY OU SAINT-PIERRE DE MONS.

Limitée à l'est par Saint-Pardon, au sud par la paroisse de Teigne, à l'ouest par Langon, et au nord par la Garonne, cette commune donne des vins du même genre et du même prix que ceux de Langon.

860 hab.—900 à 1100 ton. de vin.—48 kil. de Bordeaux.

De Pontac.	35	40
Madame Baritaut du Capriac.	25	30
Mlle de Castelnau. .	30	40
Brannens aîné. . . .	25	30
Mamie.	18	24
Coutreau.	20	25
Dubourg.	20	24
St-Blancard-Bernardine.	18	20
Colas (Pétre).	15	20
Madame de Reyne. .	25	30
Veuve Lamarque. .	7	10
Carpentey (Binist). .	12	15
Colas St.-Marc. . .	12	15
Brannens.	30	45

Maraste.	50	60	Palachon (maire de Saint-Pardon). .	12	15
Pauly aîné.	30	35	Trompette.	12	15
Aubergier.	25	30	Pauly jeune.	7	10
Colas.	20	25	Cazenave (Bourbon).	7	10
Monclin-Patachon. .	12	15	St.-Blancard-Seguis.	7	10
Lafon.	10	15	Gramidon.	7	18
Duzan.	12	15	Alexandre de Lur-Saluces.	7	10
Pauly jeune.	10	12			
Verdale.	10	12			

TOULENE.

Cette commune confine au sud à Langon, à l'est à Pujols et à Bommes, au nord et à l'ouest à la Garonne ; elle donne des vins auxquels on accorde quelque préférence sur ceux de Langon et de Saint-Pierre-de-Mons ; ils sont plus fins et plus séveux.

658 hab. — 300 à 400 tonn. — 44 kil. de Bordeaux.

Catelan.	70	75	Begric.	8	10
Ladonne.	35	40	Foret.	12	15
Cazenave (Bourbon).	15	20	De Baritaut.	10	12
Dubourdieu.	12	15	Thierry, médecin. .	10	12
Beaulieu	10	12	Laffargue.	12	15
Mathieu Delas . . .	10	12			

FARGUES.

Cette commune a pour limites, à l'ouest, Roaillan ; au sud, Mazère ; à l'est, Toulene ; au nord, Sauternes. Le sol est léger et sabulo-graveleux ; il donne des vins qui ont de la délicatesse, une sève agréable et qui ressemblent assez à ceux de Toulene.

790 hab. — 220 à 250 tonn. — 43 kil. de Bordeaux.

Amé.	20	25	Jean de Mathes. . .	20	25
Becquet.	15	20	Lacoste Charon. . .	10	12

Saint-Blancard. . .	10	12	Moulite.	8	12
Veuve St.-Blancard.	10	12	Despujols.	10	12
Boissonneau.	12	15	Despujols aîné. . . .	10	12
Battalle.	10	12	Lacoste.	8	10
Claverie.	10	12			

PREIGNAC.

Le sol est formé en grande partie de grave mélangée d'argile sabloneuse et ocracée ou de terre forte ; il donne des vins dont quelques-uns sont estimés à l'égal de ceux de Sauternes, mais qui, en général, sont moins fins et ont moins de parfum. Cette commune confine à la Garonne, à Barsac, Bommes, Sauternes, Pujols, et Toulene.

2,468 hab.—1,000 à 1,400 ton. — 42 kil. de Bordeaux.

Héritiers Guilhot (à Suduiraut). .	100 20	120 03	Pinsan (Breton). . .	20	25
			Patachon	12	15
Le comte de la Myre Mory (à Montalier)	40	50	Pinsan (Jacinthe). .	10	12
			Pinsan Guinche. . .	15	18
Le Cte Alex^re de Lur-Saluces (à Château Malle).	80	100	Tausin	12	15
			Pinsan frères	10	11
			Dubreis frères . . .	10	12
Apiau (aux Ormes) .	40	60	Dufour	10	12
Lalanne.	10	18	Boireau	10	12
E. Larrieu	100	120	Bertin.	12	15
Lafon fils	30	40	Lados (Pierre) . . .	10	12
Dancy frères	50	60	Lassauvasse, dit Petit Bernard	10	12
Betbeder	45	55			
Mme veuve Dardes. .	70	90	Lamothe	10	12
Ladonne	25	50	Rondée (à Bastide) .	15	18
Théodore Delbos . .	40	50	Huillet	12	15
Alary	25	30	De Valens.	12	15
Fabre	20	25	Despujols aîné . . .	12	15
Soubiran	25	30	Lasauvajeu Maugey.	12	15
Despujols fils. . . .	10	15	Pinsan Cato.	10	12
Lafon (Jean)	12	15	Bertin cadet.	12	15
Duron.	10	12	Bertin (Léonce). . .	10	12

SAUTERNES.

Pour limites, à l'est, Preignac ; au sud, Fargues ; à l'ouest, Budos ; au nord, Bommes.

Les vignobles célèbres croissent sur des coteaux de gravier sec et presque sans mélange ; les graves qui reposent sur une couche d'argile (calcaire-marneuse) donnent des produits bien supérieurs à celles qui s'appuient sur un lit de sable.

Une sève particulière distingue les vins de Sauternes. Ils sont fins, savoureux, délicats, et dans les bonnes années sucrés et très-parfumés. Les prix varient selon les années, qui sont presque toujours très-inégales, de fr. 450 jusqu'à fr. 1,200 en primeur, pour les premiers crûs. Les seconds crûs de fr. 350 à 600.

1,060 hab. — 500 à 800 toun. — 45 kil. de Bordeaux.

Mme la Marqse douairière de Lur Saluces (Château Yquem)	100 à	150
Guiraud	60	80
Marquis de Lur Saluces (Chât. Filhiol)	80	100
Foche	20	25
Marquis de Lur Saluces (à Pineau)	30	40
Dupeyron (crû d'Ar-	15	20
ches)	15	20
Baptiste frères	50	70
Lafaurie jeune	15	20
Mesrs Ferbos, Dubedat	15	20
Veuve Faugas	8	12
Dubedat (Cocault)	10	12
Comet aîné	8	10
Raba	12	15
Dinos Louis	10	12
Marcilhac (crû Rieussec)	60	75
Espagnet	8	10

BOMMES.

Bommes touche du côté du sud à Sauternes ; à l'ouest à Pujols ; à l'est à Preignac ; le Ciron, au nord, la sépare de Pujols. Son territoire s'étend partie en plaine et partie sur les coteaux qui bordent la rive droite du Ciron et qui sont couverts de gravier ; ils produisent des vins plus légers et aussi frais que ceux de Sauternes. Les vins récoltés dans la plaine ne manquent pas d'une certaine finesse, mais ils ont moins de parfum et de sucre que ceux qui mûrissent sur les hauteurs.

804 hab. — 450 à 650 tonn. — 42 kil. de Bordeaux.

Lafaurie aîné, (à Peyruguey)	40	60	Émérigon (à Lasalle)	100	150
Deyme (crû Rabaut)	20	25	François Brun	80	120
Baronne de Reyne (crû de Vigneau)	35	50	Pinsan frères	20	30
Focke (à la Tour-Blanche)	40	60	De Loste	20	25
Auguste Lacoste	25	30	Latestère	10	15
			Daulan, dit Lajeunesse	12	15
			Dubedat	10	12
			Ribet	12	15

BARSAC.

Au levant la Garonne ; au nord Cérons ; au couchant Ilats ; au sud le Ciron, qui le sépare de Preignac. Le bourg est considérable et bien bâti. Son territoire se partage en haut et bas Barsac ; la partie basse présente de belles prairies et des champs de blé. Le vignoble est argileux et pierreux. Ses vins sont chauds, pleins d'alcool ; ils ont un parfum très-prononcé. Les premiers crûs sont aussi estimés que ceux de Sauternes ; ils ont autant de finesse et plus de corps. Les prix sont à peu près les mêmes.

2,806 hab. — 600 à 900 tonn. — 39 kil. de Bordeaux.

Éloi Lacoste (Climenz)	50	60	Daene	10	12
Marquis de Lur-Saluces, (à Coutet)	100	120	Mademoiselle Faux	10	15
Veuve Ledentu	25	30	Perrot (à Myrat)	60	80
Sarraute	25	30	Mme Marion (à Suau)	18	20
			Veuve Duboscq	50	60

La comtesse de Lur-Saluces (à Pernaud)	30	40	Madame de Montau, née Dubon. . . .	10	12
Madame Chaigné. .	10	15	Pascaud, bouvier. . .	10	12
Ducau-Laguerre. . .	10	12	Espagne.	10	12
Lacoste Pinsan. . .	30	40	Despujols.	10	12
Baulieu.	10	12	Libéral.	12	15
Veuve Boireau. . .	15	20	Capdeville (Broustet-Nairac)	40	50
Elie Debans.	25	30	Laborde..	30	40
Rapin.	10	12	Hipolythe Charleret.	20	25
Coutanceau.	12	15	Marcelin Capdeville.	15	20
Bonneau.	15	20	Pedesclaux.	10	12
Danglade frères. . .	25	30	Boireau Charrette. .	20	25
Cadet Capdeville. . .	10	15	Destrac.	12	15
Baulac frères. . . .	15	20	Landunau.	12	15
Veuve Lacoste. . . .	18	20	Cottineau.	15	20
Lacoste frères. . . .	30	35	Lacombe.	20	25
Cazalis Gaston. . . .	15	20	Auguste Journu. . .	40	50
Guilhem.	10	15	Veuve Ducasse. . .	15	20
Capdeville Lilet. . .	10	12			

PUJOLS.

Cette commune confine au nord, à Barsac ; à l'est, à Bommes ; à l'ouest, à Landiras. Les vignobles placés du côté de Bommes et de Barsac, et dont le sol est argileux et pierreux, produisent des vins agréables et qui se rapprochent de ceux de Barsac, sous le rapport du corps, tandis que ceux qui sont du coté d'Ilats ou de Landiras, donnent des vins pleins, communs, et dont le goût est un peu sauvage.

882 hab. — 400 à 600 tonn. — 40 kil. de Bordeaux.

Burck.	12	15	Giral.	15	20
Myran frères. . . .	8	10	Gaulieur-Lhardy. . .	20	25
Degensac.	15	20	Billey (de Langon). .	10	15
Myran aîné.	8	10	Duprat.	10	12

Labarthe.	10	12	Bonnet.	6	9
Depou.	9	12	Vve. Lacoste-Minjon.	8	12
Lacoste, meunier. .	6	9	Tauzin-Bley.	10	12
Audine.	6	2	Cadillon frères. . .	12	15
Menaton.	10	12	Duparts.	10	12
Lacoste-Labartonille	8	10			

ILATS.

Du côté de l'ouest, Ilats est borné par les landes de Landiras ; au sud, il est borné par Pujols ; à l'est, par Cérons et Barsac; au nord, par Podensac et Saint-Michel de Rieuffret. Ses vignes sont dans des terrains mêlés de grave et de sable ; leurs produits sont beaucoup moins estimés que les vins de Cérons et de Podensac, ils ont une sève très-sauvage.

1,609 hab.—700 à 1,000 tonn.—37 kil. de Bordeaux.

Fage.	25	30	Lalande-Lachaud. .	20	25
Madame Bastia. . .	40	50	Dubourg-Lassat. . .	20	25
Dubourg	25	30	Ducau frères (cellier à Barsac)	40	45
Avezou.	15	20	Joriac Lalande. . . .	20	25
Dubourg-Pontet. . .	15	20	Eloi Lacoste	20	25
Jeanty Ducau. . . .	15	25	Daney.	15	20
Dubrey frères. . . .	15	25	Pagonaux Fort. . .	15	20
Taffard.	60	80	Destras Cadillac. . .	10	15
Dorgueil.	15	20	Cantau (Lapiome). .	25	30
Lalande Lapabe. . .	25	30	Vincent Menaton. .	25	30
Cazeau dit Lagneau.	20	25	Lalande.	15	20
Dubourg.	20	25	Veuve Vincent. . . .	15	18
Boireau.	15	20			

LANDIRAS.

Cette commune a pour frontière, à l'ouest, les landes de Villagrains et Guillos ; au sud, Budos ; à l'est, Pujols;

au nord, Ilats et Saint-Michel de Rieuffret. Ses vins ne manquent pas d'agrément dans les bonnes années, et se rapprochent de ceux d'Ilats ; ils ne se vendent d'ailleurs qu'à des prix médiocres.

2,336 hab. — 700 à 1000 tonn.—40 kil. de Bordeaux.

De Chalup (au Portail)	25	40	Dubeau.	15	20
Tafard.	20	30	Ricaud.	10	15
Canteau.	15	20	Robit.	10	15
Bonifas.	15	20	Dutrenit.	6	10
Dupuy.	30	40	Martin-Lavincente. .	15	20
Bacquey.	12	15	Ricard.	10	15
Jouis.	15	20	Champagne aîné. . .	7	10
Isidore Dutrenit. . .	10	15	Champagne jeune. .	7	10
De Tauzin.	10	15	Laserre.	10	15
Dutrenit, officier (au Plantey).	10	15	Canteau.	9	12

CÉRONS.

Cette commune est limitée à l'est, par la Garonne ; au nord, par Podensac ; à l'ouest, par Saint-Laurent-d'Ilats ; au sud, par Barsac ; elle donne des vins liquoreux, fins et spiritueux ; l'Allemagne en faisait autrefois une grande consommation et les payait en primeur, dans les bonnes années, de fr. 500 à 600 le tonneau ; maintenant ils ne se vendent plus que de 250 à 300 fr. dans les bonnes années, et de 180 à 200 fr. dans les années médiocres.

1,344 hab. — 800 à 1,200 tonn.—34 kil. de Bordeaux.

Comte de Calvimont.	35	50	Lataste, dit citoyen.	15	20
Libéral.	20	30	Lataste aîné.	12	15
P. Biarnez, courtier.	40	60	Lataste cadet. . . .	12	15
Lataste frères. . . .	15	18	A. Ducau dit Lafretage	15	20
Lataste, capitaine. .	20	25	Jacques Ducaule. . .	10	15

Nicole Ducau. . . .	15	20
De Chalup.	10	15
Ducau-Lapeley aîné.	20	30
Ducau Thain. . . .	10	15
Lescourères Montille	20	30
Lataste Dauphin. . .	15	20
Lataste-Expert.. . .	10	15
Laforge-Expert. . .	10	15
Expert-Nant.	15	20
Expert-Ratié. . . .	10	15
Expert-Lamouroux.	10	15
Gillard dit Branque.	10	15
Elie Gillard.	15	25
Expert dit Cadichon.	15	20
Cadichon Medeville.	30	40
Rosalie Medeville. .	20	25
Cobillon Medeville. .	40	50
Ducau Baston. . . .	40	50
Expert-Paysan. . . .	25	30
Expert dit Grenadier	15	20
Nercam Bernachon.	10	15
Nercam Andrille. .	15	20
Expert Lamouroux.	10	15
Expert (France). . .	10	15
Expert (Farcy). . .	10	15
Expert (La Grêle). .	10	15
Expert Quetre. . . .	6	10
Expert-Pasquet. . .	6	10
Treilhe frères. . . .	15	30
Chevalier Loulom. .	10	12
Mederic Pourquey. .	10	12
Antoine Pourquey. .	8	10
Biloche Pourquey. .	7	10
Ducau Nicole aîné. .	7	10
Bergez Avril. . . .	10	15
Vincent Vincentot. .	10	15
Jean Lanneluc. . .	10	12

PODENSAC.

Cette commune a pour limites, à l'ouest, Ilats; au sud, Cérons; à l'est, la Garonne; au nord, Virelade. Le sol est une belle grave : les meilleurs de ses vins ressemblent à ceux de Cérons, tandis que certains d'entr'eux ont du rapport avec ceux d'Ilats.

1617 hab. — 700 à 1,000 tonn.—31 kil. de Bordeaux.

Gassies (crû de Madère)	60	80
Ducau, notaire. . .	30	40
St-Marc, avocat. . .	40	50
Vergès.	40	50
Darlan.	15	20
Pascal Biarnès. . . .	40	50
Faugère.	10	12
Peyraguey.	20	25
Jardel.	60	80
Birac.	20	25
Jasseau Petiton. . .	20	25
Bernard Ducau (crû de Chavac). . . .	15	20
Richet, courtier . .	15	20
Bordesoul.	15	20

Bredon.	15	20	Veuve Lescouzères.	12	15
Jasseau-Petiton. . .	15	20	Balin.	10	12
Amanieu.	10	15	La femme Marquié.	12	12
Fieuzal.	10	15	Rafet.	10	12
Veuve Rousseau. . .	15	20	Dupuy.	10	12
Bergey.	15	20	Dorgueil, meunier. .	10	12
Boisson.	15	20			

VIRELADE.

Cette commune est bornée à l'ouest, par Saint-Michel de Rieuffret ; au sud, par Podensac ; à l'est, par la Garonne, et au nord par Arbanats. La plaine haute offre un sol de sable et de grave ; la vigne blanche y réussit ; la plaine basse donne des grains et des vins rouges.

On assimile les vins blancs de Virelade aux seconds crûs de Podensac, dont ils ne possèdent pas tout le bouquet et la fermeté ; en vieillissant, ils acquièrent de la sécheresse ; ils ont obtenu au bout de cinq ou six ans toutes les qualités propres à être mis en bouteilles.

1250 hab.—350 à 500 tonneaux.—28 kil. de Bordeaux.

Le comte de Calvimont (au château de Virelade). . . .	20	25	Bordesoulle.	12	15
Coudert.	26	30	Lasserre.	12	15
Bahans.	10	15	Lasserre, dit Serrillot	10	12
Fageot.	10	15	Charles Tapie. . . .	10	12
Mathieu Dubos. . .	15	20	Foutayrot, dit Pichey	10	12
Lemercet Desclos. .	15	20	Vincent Cassanet. .	10	12
			Antoine Guérin. . .	10	12

ARBANATS.

Cette commune confine à l'ouest, à Saint-Selve ; à l'est, à la Garonne ; au nord, à Portets, et au sud à Virelade. Elle donne des vins blancs comme ceux de Virelade. La plaine basse qui longe la Garonne est d'une grande fertilité ; la plaine haute présente un sol mêlé de sable et de Grave.

494 hab. — 300 à 400 ton.—26 kil. de Bordeaux.

Le comte de Calvimont (à Lebasque)	10	15	Desmaries	15	20
Lucbert	10	15	Lafitte Burot	10	15
Daguzan	80	100	Amanieu	10	15
Labat Jean-Bart	15	20	Veuve Guillet	10	15
			Dulin	10	16

Arbanats donne aussi 200 à 300 tonneaux de vin rouge d'une qualité médiocre.

VILLENAVE-D'ORNON.

Nous avons déjà parlé (chap. V) des vins rouges qui se récoltent sur cette commune, ainsi que sur celle de Léognan ; il nous reste à mentionner les vins blancs qu'elles produisent et auxquels elles doivent leur réputation.

Bouchereau frères, château Carbonnieux	60	70	L'abbé Buchou	10	12
Oxéda, à Saint-Bris	30	40	Duffour	5	6
Roux, à Cave	40	50	Fauchey père et fils	10	12
Leclerc frères	10	12	Alexis de Basquiat	15	20
Touton	10	12	Raymond de Basquiat	15	20
Héritiers de Pradines	10	15	De Sandol	12	15
Héritiers Larché	10	12	Withfooth	12	15
			Divers petits propriét.	50	60

LÉOGNAN.

Bodkin, ci-devant Duboscq	20	25	Renaud, à Lamarque	10	12
De Acha	15	20	Comagères, à Loustalade	8	10
Depiot, à Langueloup	15	25	W. Foussat	10	12
Moreau, à Barreyre	15	20			

En parlant des vins blancs de Graves, nous ne pouvons nous dispenser d'entrer dans quelques détails sur le château de Carbonnieux, qui est le premier crû.

Les vins blancs que produit ce domaine d'une vaste étendue se distinguent par une séve particulière et un bouquet des plus agréables, qui a quelque analogie avec celui qu'exhalent les vins du Rhin. Plus légers que les autres grands vins des communes de Sauternes, Bommes et Preignac, moins capiteux, moins liquoreux, et tout aussi délicats, ils en sont les dignes rivaux.

Les vins blancs de ce vignoble étaient autrefois, dit-on, expédiés en Turquie. Dans son rapport à la 2e session du Congrès de vignerons français, réuni à Bordeaux en septembre 1843, M. Guillory aîné, d'Angers, a signalé à cet égard une anecdote qui nous a paru valoir la peine d'être citée :

La terre de Carbonnieux appartenait autrefois aux bénédictins de l'abbaye de Sainte-Croix de Bordeaux. Les bons pères trouvaient un immense bénéfice à expédier leurs vins pour la Turquie; mais la loi musulmane opposait un grand obstacle à leur écoulement. Mystifier Mahomet, quelle bonne fortune pour les enfants de saint Benoît! ils imaginèrent d'intituler leurs vins blancs dont la limpidité est remarquable : *Eaux minérales de Carbonnieux*, et sous cette étiquette la liqueur enivrante savait échapper à toutes les prohibitions ; elle bravait à Constantinople les anathèmes du prophète. La fraude était énorme sans doute ; mais peut-on exiger d'un bénédictin qu il se conforme avec scrupule aux décisions du Koran? Et, d'ailleurs, ne vaut-il pas mieux donner du vin pour de l'eau, que de faire passer de l'eau pour du vin, comme il arrive, dit-on, quelquefois de nos jours?

A Carbonnieux, ainsi que dans les autres vignobles des Graves, les plants généralement cultivés sont en blanc : le sauvignon, le semellion, la muscadelle, le prunelat, et quelques autres, surtout dans les vieilles vignes, mais à Carbonnieux, le Sauvignon domine; on le reconnaît facilement à une certaine roideur que ce délicieux cépage donne toujours, en nouveau, aux vins où il se trouve en abondance, et qui ont besoin d'être attendus quelque temps pour se développer complétement.

Les vins rouges de Château-Carbonnieux, depuis les nombreux perfectionnements apportés dans la culture par ses propriétaires, sont aujourd'hui classés en première ligne des vins de Léognan dont ils diffèrent cependant par plus de *spirituosité* ou de corps et par plus de maturité, ainsi que par un bouquet et une séve plus prononcés, qui leur sont propres et qui les rapprochent un peu, au dire de quelques connaisseurs, de la qualité des vins de Bourgogne de certains clos en renom.

Les plants cultivés en rouge sont, en très-grande majorité, le cabernet, le sauvignon, le verdot, que nous voyons avec peine n'être pas assez répandu dans nos bons vignobles; puis en très-faible proportion, le malbec ou gros noir et le merlot.

Carbonnieux renferme une des plus remarquables collections de vignes qui existent en France et à l'étranger.

Le rapport de M. Guillory, déjà cité, contient à cet égard des détails fort intéressants que nous regrettons de ne pouvoir reproduire ici en totalité. Commencée en 1827 et formée d'abord de toutes les variétés que le célèbre Bosc avait réunies à cette époque au Luxembourg, la collection de Carbonnieux, depuis dix-huit ans qu'elle existe, n'a cessé chaque année de s'enrichir de nouveaux plants; elle a mis à contribution le Portugal, l'Espagne, la Hongrie, l'Italie, la Grèce, la Corse, sans parler des vignobles français; en 1824, le chiffre de cette collection était de 872 variétés; il s'élève aujourd'hui à 1032, y compris les divers cépages de l'île de Madère, dont l'envoi est récent. Des essais du plus haut intérêt ont été faits à Carbonnieux : des carrés d'une certaine grandeur ont été plantés en Rischling de Johannisberg; d'autres en Pineau blanc de Montrachet, d'autres enfin en cépages de différentes sortes, tels que ceux qui produisent les vins de l'Hermitage et les premiers crûs de Bourgogne.

VINS BLANCS DE LA RIVE DROITE.

Les vignobles qui longent la rive droite de la Garonne sont dans une situation magnifique, car ils occupent une chaîne de coteaux fort élevés au sud et au sud-ouest; leurs produits sont toutefois bien inférieurs à ceux de la rive gauche. Cette différence tient à la nature du sol qui offre sur la rive gauche un gravier fin, tandis que sur la rive droite c'est une terre argileuse, mêlée de pierres.

Les premiers crûs de côtes du département, sont ceux de Loupiac et Sainte-Croix-du-Mont; ils se classent même parmi les grands vins blancs (ceux de Sainte-Croix-du-Mont surtout), parce qu'ils gagnent beaucoup en vieillissant; on leur demande de la maturité, même quand ils sont nouveaux, du corps et de la finesse quand ils sont vieux; on peut les mettre en bouteilles au bout de quatre ou cinq ans. Ils se dirigent vers le nord et la Hollande.

Les vins que donnent les communes de Baureche, Tabanac, Le Tourne, Langoiran, partie de Listrac, Paillet et Rions, sont connus sous le nom de côtes supérieures;

ce sont des vins très-agréables, avec beaucoup de fermeté et de force quand ils ont bien réussi; leur qualité augmente sensiblement avec l'âge; après cinq ou six ans de bouteille, ils ont acquis une riche saveur. Ils conviennent fort bien pour le nord; la Prusse et la Russie en demandaient beaucoup; malheureusement ces débouchés ont grandement perdu de leur importance. On a reproché à ces vins de prendre en vieillissant une teinte jaune, due au cépage appelé *Semeillion*, qui croît sur les collines où s'étalent les vignobles en question.

Voici, en remontant la Garonne, les noms des communes de la rive droite que leurs vignes blanches signalent à l'attention du commerce.

BAURECH.

585 hab. — 375 à 420 ton. — 14 kil. de Bordeaux.

Dudon de Montaud	40	45	Lambert des Granges	10	12
Boyrie	10	12	De Lafaye	20	25
Veuve Labadie	12	15	De Canole	10	12
Labadie fils	30	35	De Labordère	30	25
Paul Rougeol	15	20	Vitrac	18	20
Alexandre de Lacaussade	18	20	Ferchaud	18	20
Letellier	30	35	Divers chais au-dessous de 10 tonn.	70	80

TABANAC.

650 hab. — 420 à 475 ton. — 17 kil. de Bordeaux.

Germain de Lacaussade	25	30	Mme Seignan	50	60
Clauzel	75	80	Longuerue	15	20
Rougeol aîné	60	65	Palanque	25	30
De Gaulne	60	65	Renoux	10	15
Bruny	25	30	Divers chais au-dessous de 10 tonn.	70	80

LE TOURNE.

548 hab. — 240 à 300 ton. — 20 kil. de Bordeaux.

Gaston, chât. de Pic	25	30	Laville	20	25
Cazeau (Mandé) . .	20	25	Veuve Royer	10	12
Laclaverie.	12	15	Tapole	12	15
Cazeau	10	12	Divers chais au-dessous de 10 tonn.	80	100
Lescours	12	15			
Mme Balix.	10	12			

LANGOIRAN.

1602 hab. — 800 à 1000 ton. — 22 kil. de Bordeaux.

Mlles Feaux	60	70	Roux, château Langoiran.	15	20
Sabès	12	15	Veuve Chaise	50	60
Belso	15	18	Ferchaud	12	15
Andrieu (maire) . .	25	30	Carré	10	12
Veuve Virvalois. . .	18	30	Devèze, chât. Verthamont.	40	50
Gauvry	25	30	Niquet	15	18
Supsol.	25	30	Mandé	10	12
Desbats et Dureau .	40	45	Gazeau	12	15
Desbats aîné	25	25	Demptos	10	12
Dumas	40	45	Mme Labroue	12	14
Caussade	15	20	Durigneau	10	12
Tarteyron.	25	30	Divers chais au-dessous de 10 tonn.	200	250
De Ramon	35	40			
Dutoya	12	15			
Coeffard.	10	12			
Bourdelle frères. . .	15	18			

PAILLET.

916 hab. — 400 à 475 ton. — 27 kil. de Bordeaux.

Monsarrat.	55	60	Couronneau.	25	20
Mandis (Perros) . .	16	20	Desbats cadet. . . .	45	50
Bourbon	45	50	Moulun Gros	15	20

Lahille	12	15	Sadran	10	12
Lafon	10	12	Abraham	10	12
Vignes	10	12	Cousseau	10	12
Fillol	10	12	Divers chais au-dessous de 10 tonn.	80	108
Sauteyron	12	15			
Amand Desbats	10	12			

RIONS.

1164 hab. — 400 à 475 ton. — 31 kil. de Bordeaux.

De Geres	45	50	Dessessars	10	12
Labarthe	30	35	Mlle Dumas	12	15
Mutel	30	35	Garraud	12	15
Constantin	18	20	Veuve Carasset	10	12
Laliman	12	15	Auguste Briol	10	12
Matreau	10	12	Donnefort	12	15
Itey	12	15	Videau	10	12
De Galard	15	18	Divers chais au-dessous de 10 tonn.	100	120
Lacombe	15	18			
Les Carmes	12	15			

BEGUEY.

865 hab. — 475 à 550 ton. — 34 kil. de Bordeaux.

De Parouty	40	50	Mathieu Simon	12	15
Pouchan	25	30	Videau Michelle	10	12
Brostaret	30	35	Maigret	10	12
Larpeyrère	20	25	Boirac	10	12
Justin Médeville	70	75	Veuve Lafitte	10	12
Laveau	60	70	Chatelier	10	12
Veuve d'Antin	15	20	Divers chais au-dessous de 10 tonn.	100	120
Grangey	12	15			
Berges frères	15	18			

CADILLAC.

1916 hab. — 500 à 600 ton. — 37 kil. de Bordeaux.

Compans	35	40
Dubacquier	15	20
Thillet	25	30
Alexis Desbats	45	50
Médeville frères	25	30
Bruguière du Cayla	25	30
Dupouy	20	25
Cazeaux Bernachet	12	15
Delcros	12	15
Bonnefoux	25	30
Mathelot	12	15
Boré	12	15
Louis Médeville	15	18
Bonneval	10	12
Cazeau	15	18
Faurie	10	12
De Behon	10	12
Madame Laroque	10	12
Dezarnauld	10	12
Louis Mathelot	20	25
Piaubert	12	15
Henry Médeville	10	12
Bailly	12	15
Baptiste Fouquet	12	15
Divers chais au-dessous de 10 tonn.	60	80

LOUPIAC.

902 hab. — 650 à 750 ton. — 40 kil. de Bordeaux.

De Marcellus	35	40
Leugé	50	60
Courrèges	35	40
De Lachassaigne	50	60
Guérin	15	18
Goineau	15	18
De Fontainemarie	25	30
Mingaud	20	25
Mme veuve Bidot	20	25
Montalier	12	15
Promis	18	20
Cluzan	20	25
De Puymaurin	25	30
Fonvielle	12	15
Boré Cadichon	10	12
Meyssans	25	30
Beziat	15	20
Divers chais au-dessus de 10 tonn.	200	250

SAINTE-CROIX-DU-MONT.

1126 hab. — 675 à 900 ton. — 43 kil. de Bordeaux.

De Rolland	30	35
Gensonnet Feuillard	10	12
Turmann	45	50
Dresky	25	30
Vignal	25	30
De Marbotin	25	30

Bayle.	30	35	Masset Patriote. . . .	10	12
Garret.	30	35	De Marin	10	12
Andrieu.	50	55	Laveau aîné.	12	15
Mme Lépine.	12	15	Laveau jeune.	12	15
Th. Bridon.	20	25	Armant Laroze. . .	12	15
Boucherie.	30	35	Denis Roux	10	12
Veuve Mazet.	25	30	Nadeau.	10	12
Gemain	15	18	Divers chais au-dessous de 10 tonn.	180	200
Mlle Meyere.	12	15			
Vignes	10	12			

Voici, à l'égard d'autres vins blancs de la Gironde, quelques détails qu'on trouve dans un ouvrage estimé et auquel l'Institut a décerné, en 1827, le prix de statistique. *(OEnologie française* par Cavoleau).

« Le Bas-Médoc, dans l'arrondissement de Lesparre, produit à peu près 10,000 hectolitres de vin blanc de basse qualité, qui se consomme dans les cabarets. Dans la commune d'Ordonnac se trouve un petit vignoble de 8 hectares, dépendant de l'ancienne abbaye de l'Ile, dont le vin exhale une agréable odeur de rose, et se vend, au bout de quelques années, 700 fr. le tonneau, au lieu de 200 fr. qu'il vaudrait en primeur. Entre autres moyens que le propriétaire emploie pour améliorer son vin, il fait passer au four une certaine quantité de raisins, sans qu'on nous dise à quel degré de chaleur, pendant combien de temps, ni quelle est la proportion des raisins ainsi chauffés.

Les vins blancs de hautes qualités, surtout les liquoreux, ne doivent être mis en bouteilles qu'à la septième ou huitième année, et même plus tard ; ils s'y conservent très-longtemps. Après le premier soutirage, il conviendrait de les placer dans des foudres de 30 hectolitres et au-delà, où ils se conserveraient mieux et perdraient moins par l'évaporation. Deux soutirages par an leur sont nécessaires,

Des propriétaires jaloux de perfectionner leur vin blanc le font porter, à mesure qu'il sort du pressoir, dans des cuves, où la grosse lie se précipite au fond, s'élève et forme une croûte à la surface; il y reste à peu près vingt-quatre heures, et lorsqu'on s'aperçoit que la croûte commence à se gercer, on soutire au moyen d'un robinet placé au bas de la cuve. On obtient, par ce procédé, un vin blanc qui est plus tôt clarifié et qui conserve toujours sa blancheur, par le soin qu'on a, malgré les préjugés contraires, de bonder les barriques à mesure qu'on les remplit. »

La constitution géologique du sol qui donne les vins les plus renommés étant un objet d'une importance réelle, nous croyons devoir reproduire ici, telles qu'elles ont été insérées dans le *Producteur* (t. III, p. 185), quelques détails sur les diverses natures de terrain de la commune de Sauternes.

Elles peuvent se diviser en quatre parties :

La première est celle qui se trouve sur les coteaux; elle se compose à sa superficie d'une forte couche de gravier, d'une épaisseur de deux décimètres environ. Plus bas, on rencontre très-communément l'*Alios*, et, comme elle est quelquefois superficielle, on est alors forcé de l'extraire. Au-dessous, se trouve une couche d'argile franche, qui sert de réservoir aux eaux pluviales de l'été, d'où dérivent ordinairement de fortes coulures à l'époque de la floraison.

La deuxième est celle qui se trouve dans des positions

moins élevées, appelée vulgairement terrain plat; elle est d'une nature ferrugineuse, mêlée d'un gravier très-fort, que nous nommons arène. En défonçant le terrain on y découvre quelquefois du tuf.

Dans la troisième, se trouvent quelques bas-fonds; composée d'une couche d'argile franche, parfois mêlée de gravier, acquérant par les chaleurs une si forte intensité de dureté, qu'on est forcé d'abandonner les travaux en attendant la pluie, elle est moins sujette à la coulure, et produit beaucoup.

La quatrième, enfin, limite la commune dans la partie de l'ouest; on la nomme *Carasse*, elle est moins graveleuse, et contient beaucoup de pierres calcaires.

Nous croyons aussi qu'on ne verra pas sans intérêt l'extrait d'un document que nous empruntons de même au *Producteur* et qui concerne le classement et l'appréciation, il y a un siècle, des vins blancs que nous avons passés en revue dans ce chapitre. Cette note fut rédigée par un courtier parfaitement au fait de sa partie :

« Les vins blancs sont connus dans les pays étrangers, principalement dans le Nord, sous trois espèces, qui sont: 1° les grands vins, 2° les seconds vins, 3° les petits vins.

» Les premiers étant composés de quatre paroisses, savoir : Haut-Preignac, Haut-Barsac, Haut Bommes et Sauternes; ce sont des vins de beaucoup de corps, de séve et d'agrément, qui acquièrent toujours une meilleure qualité en viellissant; leur véritable et bonne couleur est celle de laurier. Il y a dans chacune de ces paroisses quelques premiers crûs; le premier de tous est, au Haut-Preignac, celui de Suduiraud, appartenant à Mme Du Roi. Il surpasse tous les autres par la finesse dans le goût, et vend ordinairement cinq écus de plus; ensuite sont ceux de M. de Castelneau; au Haut-Barsac ceux de M. de Guascq; au Haut-Bommes ceux de M. Cazeaux, et le Vigneau, appartenant à M. Dufour; et à Sauternes, ceux de M. d'Yquem. Il y a pour ceux-là quelque petite différence dans les prix. Leur supériorité vient de ce qu'ils ont plus de corps et aussi plus de finesse; la séve des trois paroisses de Preignac, Bommes et Sauternes est à peu près la même; celle de Barsac est différente, elle donne plus et elle est plus pleine et plus fameuse.

» Les seconds vins en général doivent être considérés sous deux espèces : l'une, composée des paroisses depuis Castres jusques et compris Langon, l'autre, des premières côtes qui sont vis-à-vis de l'autre côté de la rivière : ce sont des vins différents; les premiers sont en général supérieurs aux autres, la séve est meilleure, plus dominante et plus fine; ils sont plus fermes, ils acquièrent toujours une meilleure qualité en vieillissant; il y a même parmi des paroisses qui portent de la maturité et qui se rapprochent d'ailleurs assez des grands vins.

» Les meilleures paroisses sont Podensac et Cérons; c'est une fort bonne vinaterie, qui a du corps et beaucoup de séve; ils portent de la maturité ou de l'agrément suivant les années; ils sont beaucoup de mode; c'est là où commencent ordinairement les premières opérations dans cette espèce et ils se vendent quelque chose de mieux que tous les autres seconds vins; tous les chais vont à peu près d'égalité dans les prix, excepté celui de Mayne, appartenant à M. Barret, dans Podensac, qui est préféré de 4 à 5 écus au-dessus; les autres chais sont MM. Maignol, Ferbos, Saint-Marc et Malère. »

CHAPITRE XII.

DU CLASSEMENT DES VINS DE MÉDOC.

Nous voici arrivés à la partie la plus délicate de notre travail. Le classement des vins en renom, établi sur des bases consacrées, à l'égard de quelques-uns, présente quelqu'incertitude quant à ce qui concerne d'autres propriétés qui ne sont pas au premier rang. Il est des propriétaires qui aspirent, et peut-être avec raison, à un rang plus élevé que celui auquel des rigoristes sévères veulent les retenir. Tel crû que certain courtier qualifie de troisième ne doit pas, au dire de son confrère, sortir de la catégorie des quatrièmes. La liste des cinquièmes s'étend et se restreint au gré des opinions particulières qui y admettent des crûs relégués, selon d'autres connaisseurs, parmi les bons bourgeois. Lorsqu'un propriétaire consent à rester dans la classe où le placent les décisions anciennes du commerce, il veut, du moins, être le premier de cette classe. Ajoutons qu'il est plus d'un exemple de propriété qui avait perdu son ancien rang, et que les soins éclairés d'un nouveau possesseur ont rendue à sa vieille splendeur.

Au milieu d'un tel conflit, qui osera poser les bases d'un jugement équitable, et quel est le jugement qui ne serait pas l'objet d'une foule d'attaques et de réclamations? La Chambre syndicale des courtiers pourrait seule rendre arrêt en pareille matière, mais il est bien douteux qu'elle veuille jamais se charger d'une tâche aussi délicate.

Après avoir essayé à diverses reprises de tracer l'esquisse d'une classification consciencieuse, nous avons reculé devant l'impossibilité d'un pareil travail exécuté par un simple particulier. Nous nous bornerons à reproduire, telle qu'elle se trouve dans la première édition de notre livre, la classification que nous dressâmes alors d'après les autorités les plus compétentes. Nous n'y introduirons d'autre changement que deux ou trois rectifications devenues nécessaires et la mutation des noms de quelques propriétaires qui sont venus remplacer ceux de 1824.

De longues considérations pourraient précéder les listes de classement; nous nous bornerons à quelques mots.

Des crûs de la même classe, placés dans des communes parfois éloignées, donnent des produits de mérite égal, mais différents entre eux d'une manière sensible, tandis que parfois, dans les même communes, des propriétés limitrophes fournissent des vins qui souvent ont entre eux fort peu de rapport. Pour introduire de l'ordre dans ces éléments multipliés, l'on a de longue date choisi dans chaque commune les vins qui, doués d'une supériorité égale, devaient se payer le même prix, et c'est ainsi que se sont formées des classes que sanctionne un usage qui a acquis force de loi.

Les récoltes se suivent et rarement se ressemblent; aussi pour avoir une idée exacte d'un vin, il est indispensable de connaître l'année. Une proportion assez régulière s'est établie entre tous les vins du Médoc, de telle sorte que lorsque les premiers vins ont été vendus, chacun sait ce qu'il doit vendre, à peu de chose près.

On tomberait dans l'erreur la plus complète, en considérant tous les vins qui ne sont pas compris dans les catégories des grands crûs, comme étant inférieurs et sans qualité. Dans les bonnes récoltes, les vignobles non classés donnent souvent d'excellents vins, mais c'est surtout dans les grandes années que la différence des crûs est tranchante.

Les crûs classés se subdivisent en cinq classes, et la différence de prix de l'un a l'autre est d'environ 12 p. °/₀. On compte en tout 60 à 65 crûs classés.

Les premiers crûs vendent parfois 1,800 fr., plus souvent 2,400 ; ils ont été payés 3,500 fr. dans de bonnes années et parfois bien plus cher (1). A la fin du volume on trouvera d'ailleurs les prix tels qu'ils ont été établis pour les diverses classes durant une longue suite d'années.

Premiers crûs.

Les quatre premiers crûs suivaient autrefois le même prix; pendant quelque temps, Haut-Brion, situé dans les Graves près Bordeaux, était un peu déchu de la valeur de ses trois confrères, mais il vient de passer dans de nouvelles et habiles mains, il est assuré de reprendre toute son ancienne réputation.

Château-Lafite, à Pauillac.
Château-Margaux, à Margaux.
Haut-Brion, Larrieu, à Pessac.
Latour, à Pauillac.

Seconds crûs.

Cos-Destournel, à Saint-Estèphe.
Gruau-la Rose, à Saint-Julien.
Léoville à Saint-Julien.
Mouton-Thuret, à Pauillac.
Rauzan, à Margaux.

(1) Château-Lafite a obtenu en 1825, 3,450, fr. en 1841, 5,500, et en 1844, 4,500.

Troisièmes crûs.

Bergeron Ducru, à Saint-Julien.
Brane, ci-devant Gorsse, à Cantenac.
Calon Lestapis, à Saint-Estèphe.
Château d'Issan, Duluc, à Cantenac.
Giscours à la Barde.
Kirwan, à Cantenac.
Lagrange Duchâtel, à Saint-Julien.
Langoa Barton, ci-devant Pontet, à Saint-Julien.
Lascombe Hue, à Margaux.
Montrose Dumoulin, à St.-Estèphe } vendent souvent comme 2es crûs.
Pichon-Longueville, à St.-Lambert }

Quatrièmes crûs.

Canet, Pontet, à Pauillac.
Ducasse, à Pauillac.
Duluc, à Saint-Julien.
Durefort, de Vivens, à Margaux.
Ferrière, à Margaux.
Fruitier, ci-devant Brown, à Cantenac.
Lacolonie, à Margaux, (réuni à Malescot).
Lacoste, Saint-Guirons, à Pauillac.
Loyac, à Margaux.
Malescot Saint Exupéry, à Margaux.
Mandavit-Milon, à Pauillac.
Palmer, à Cantenac.
Poujet, à Cantenac.
Saint-Pierre, à Saint-Julien (1).
Tronquoy, à Saint-Estèphe.

Nous n'entendons point d'ailleurs donner cette énumération comme complète; de temps à autre se forment

(1) Quelques connaisseurs, dont l'opinion peut faire autorité, classent Saint-Pierre dans la catégorie des troisièmes crûs.

de nouveaux crûs qui méritent d'être classés ; c'est ainsi que, dans notre travail de 1824, nous n'avions pu comprendre le crû de Montrose, à Saint-Estèphe. Nous avons suivi dans notre liste l'ordre alphabétique ; prétendre ranger les crûs de chaque classe selon leur degré respectif de mérite, serait une tâche trop délicate et trop inexécutable pour que nous osions l'aborder.

Nous devons à l'obligeance d'un ami bien au fait du commerce des vins, un aperçu du Médoc, de ses principaux domaines, et des prix qu'obtiennent habituellement les diverses communes, aperçu dont nous allons reproduire les assertions sans prétendre leur donner plus d'autorité qu'elles n'en possèdent en effet, et en répétant que cette ligne mal définie, qui sépare une classe d'une autre, s'étend ou se restreint en certains cas au gré d'opinions trop peu désintéressées pour rester toujours dans les limites du vrai.

Nous ajouterons que la subdivision formée des cinquièmes crûs se compose des grandes propriétés de Pauillac et de Saint-Estèphe, auxquelles on assimile quelques autres de Labarde et de Margaux ; ils vendent en général la moitié des premiers crûs.

Dans cette classe nombreuse, il y a nécessairement quelque différence dans le mérite des vins ; aussi les prix ne sauraient-ils se déterminer rigoureusement. Ils varient de 1,000 à 1,200 fr., toujours dans l'hypothèse de la valeur de 2,400 fr. attribuée aux premiers crûs.

En cumulant tous les vins classés, on trouve que l'on récolte environ de 3,500 à 4,500 tonneaux ; mais comme les très bonnes années ne sont jamais fort abondantes, on ne doit guère, en supposant une réussite distinguée, évaluer la production totale au-dessus de 3,000 tonneaux de vins classés.

A la suite de la cinquième classe, on range dans la catégorie des bons bourgeois presque tous les bons vins de St-Estèphe, de Pauillac et de St-Julien, autres que ceux qui sont classés et quelques bons vignobles de Soussans, Labarde, Ludon et Macau, ainsi que les petits propriétaires de Margaux et de Cantenac; en supposant comme ci-dessus que les premiers crûs se payent 2,400 fr., ceux-ci obtiennent de 700 à 1,000 fr. Ils ne vendent pas toujours d'après une proportion uniforme : leurs prix se calculent d'après des règles traditionnelles, particulières presque pour chacun d'eux, et qui dépendent d'ailleurs de la réussite particulière. C'est ce qui empêche de les placer au nombre des crûs classés.

Voici maintenant l'aperçu sur les diverses communes du Médoc que nous avons annoncé précédemment :

Lorsqu'on s'éloigne de Bordeaux, en se dirigeant vers l'embouchure de la Gironde, la qualité des vins gagne de plus en plus depuis Blanquefort jusqu'à Margaux; là, elle éprouve un temps d'arrêt; c'est à St-Julien, à 8 kilomètres plus loin, qu'elle s'élève de rechef à la plus haute distinction : après Pauillac cette zône privilégiée perd de son éclat; elle s'arrête aux confins de St-Seurin de Cadourne.

A Blanquefort, les vins rivalisent avec ceux des bonnes Graves de Bordeaux, mais ils n'ont point la sève médoquine. Dans cette commune nul crû classé; Ludon présente, pour sa partie graveleuse, des vins supérieurs à ceux de Blanquefort. Le crû de la Lagune est classé dans les premiers quatrièmes; le château Pommiers jouit en Hollande d'une antique et solide réputation (1); à Macau

(1) A l'égard de Ludon, nous devons mentionner un domaine omis dans notre liste, celui de Morange, situé dans la partie la plus élevée

nous citerons avec distinction le crû de Cantemerle. Plusieurs autres crûs de cette commune, tels que la *Houringue* (Duteau-Burke), *Lassus* (Duranteau), *La Pelouse* (Cambon), *Prèban* (Chadeuilh), sont renommés en Hollande, mais ils se vendent au-dessous de la quatrième classe. Les bourgeois supérieurs de Ludon vendent dans les bonnes années 400 à 500 ; les bourgeois secondaires 75 à 100 fr. de moins, et les petits propriétaires 275 à 325 fr. ; les palus de Ludon se payent 250 à 300 pour les premières qualités, et 50 fr. de moins les secondes. Les palus de Macau valent 160 à 240 fr. selon la réussite (1).

La commune de Labarde occupe un rang distingué ; elle possède Giscours, troisième crû (2), et elle obtient des prix supérieurs à ceux de Ludon et de Macau ; après Giscours, les meilleurs crûs qu'elle renferme se sont payés en de bonnes années 900 à 1,200 fr. Les bons bourgeois peuvent prétendre à 400 ou 500 fr. ; les petits propriétaires à 300 ou 350 fr.

Cantenac et Margaux sont au rang des communes du premier ordre ; les vignes y produisent fort peu, mais elles donnent les vins les plus délicats, les plus agréables du département.

Château-Margaux et Rausan, plusieurs seconds crûs et un grand nombre de troisièmes attestent l'excellence de

---

du quartier Haut-Gilet ; il est devenu depuis peu de temps la propriété de M. le comte de Lavergne ; il donne 40 à 50 tonneaux d'un vin doué de belles qualités, que développent favorablement le temps et les voyages.

(1) On comprend sans peine qu'il ne saurait rien y avoir d'absolu dans ces prix ; une foule de circonstances générales ou individuelles, peuvent exercer sur eux la plus grande influence, et tout est subordonné d'ailleurs à la réussite de l'année et à celle du crû.

(2) Les vins de Giscours ont été payés en 1825, 2,550 fr. ; en 1831, 2,200 ; en 1832, 1,450 ; en 1833, 1,000 fr.

ces deux communes. La moyenne des prix, pour les crûs rangés dans la classe des troisièmes, est de 1,000 à 1,500 fr., et pour les quatrièmes de 750 à 1,200 francs. Les bourgeois supérieurs valent 600 à 900 fr.; les petites propriétés se classent parmi les vins fins; les paysans même obtiennent parfois à Margaux des prix supérieurs à ceux des grands propriétaires de Macau et de Ludon.

Les vins de Soussans ne sont pas supérieurs à ceux de Ludon; ils sont plus durs et manquent de bouquet; les propriétés de M. le marquis d'Aligre et le crû du Paveil Bretonneau, donnent les meilleurs produits de cette commune; on rend de même justice aux vins de Mme de Mons des Dunes. Les meilleurs crûs de Soussans vendent 500 à 750 fr. le tonneau; les bourgeois secondaires 300 à 400; les bons paysans 225 à 375; les Palus 130 à 175. A Arcins, les vins des propriétés du premier rang obtiennent 450 à 525; au second rang 250 à 325; les paysans 190 à 260 fr.; St-Lambert et Pauillac sont contigus à St-Julien, on y remarque deux premiers crûs: Lafitte et Latour; deux seconds : Mouton et Pichon-Longueville.

Les autres vignobles de ces deux communes n'atteignent pas tout à fait au même degré de mérite que les St-Julien.

Saint-Estèphe possède des crûs distingués, mais ces vins riches en séve n'offrent point en général le même corps que ceux de Pauillac.

On y trouve *Cos Destournel*, qui est second crû; *Montrose*, que les uns placent dans les seconds et les autres dans les troisièmes; Calon Lestapis, dans les troisièmes; puis Lafon-Rochet, Tronquoy, Lalande, le Boscq et Morin, dont les vins sont assimilés à ceux de Pauillac; le reste de la commune se vend un peu moins. A Lamarque, les premiers bourgeois vendent de 450 à 600 fr., les bourgeois secondaires de 375 à 425, les petits propriétaires de 260 à 300. A Cussac, les prix sont à peu près les mêmes; à Moulis et à Listrac, les meilleurs crûs se payent 500 à 800 fr.; les bourgeois descendent graduellement selon leur ordre jusqu'à 275 à 350.

Nous avons déjà indiqué les prix des grandes communes riches en crûs classés; ajoutons que les paysans de St-Julien se payent 350 à 500 fr.; à St-Laurent les bourgeois secondaires valent 350 à 400, et les petits bourgeois 275 à 350.

A St-Seurin-de-Cadourne, où se font remarquer les crûs des premiers bourgeois, tels que : Verdignan (J^les^ Parouty); Charmail (Ve Louvet de Paty); Grand-Verdus (Mme veuve de Bonneau), les prix varient de 350 à 650 fr.

A Cissac, St-Sauveur, Vertheuil, St-Germain d'Esteuil, commune *de derrière*, faisant partie du haut Médoc, nous signalerons les crûs principaux, tels que : *Château Dubreuil* et *Château Larrivaix* (Cissac) ; *Fonpiguiène* (St-Sauveur) ; *Picourneau* (Vertheuil) ; *Château Livran* (St-Germain d'Esteuil). Les prix de ces vins, recherchés pour la Hollande et l'Allemagne, varient de fr. 350 à 650, comme à St-Seurin-de-Cadourne.

Le cachet des vins signalés dans ces diverses classes du Haut-Médoc est la finesse, le bouquet, le moelleux et surtout l'absence *du terroir*, qui se retrouve plus ou moins dans les vins de *Bas-Médoc*.

Les vins des communes qui composent le Bas-Médoc (1),

(1) Le Bas-Médoc comprend, ainsi que nous l'avons indiqué déjà, les communes de St.-Yzans, Potensac, Blagnan Lesparre, Uch, St-

agréables dans les années bien réussies, manquent généralement de finesse et de bouquet ; on leur reproche un goût de terroir, défaut qu'il serait facile aux propriétaires de neutraliser par un meilleur choix de cépages et d'exposition pour leurs plantations. St-Cristoly, Valeyrac, Uch, St-Trelody, Potensac, offrent au commerce des vins favorables à l'exportation et où se rencontrent des marques appréciées en Hollande et en Belgique. Les prix peuvent s'établir en moyenne de 250 à 350 fr. le tonneau.

Les dernières communes du Bas-Médoc, dépourvues de grave ou de sable graveleux, plantées généralement en cépages communs, font des vins moins estimés et plutôt propres à la consommation intérieure ; ils se distinguent par la couleur, sont recherchés pour les emplois de Paris, et se payent ordinairement de fr. 200 à 250, et même jusqu'à 300 fr. le tonneau.

CHAPITRE XIII.

DES RÉCOLTES DE VINS,

DANS LE DÉPARTEMENT DE LA GIRONDE, DEPUIS 1815.

Il faut qu'une assez longue période de temps se soit écoulée avant qu'une récolte ait été l'objet d'une appréciation définitive et irrévocable ; souvent même, 4 ou 5 années sont nécessaires et il est arrivé plus d'une fois qu'une récolte n'ait été appréciée que lorsqu'elle commençait à

Trelody, St-Christoly, Coucqueques, Prignac, Cissac, Bégadan, Jau, Dignac, Loirac, Queyrac, St-Vivien, By et Ordonnac.

s'épuiser ; les bonnes années vivent dans le souvenir bien plus que dans le présent. Des intérêts qui se heurtent, des opinions que dictent une foule de circonstances souvent complexes, voici bien des motifs pour faire mettre en avant une foule de jugements contradictoires qui se perpétuent ; celui qui tente d'esquisser un résumé très-succinct des récoltes qui se sont succédées depuis 1815, ne doit pas compter sur un assentiment unanime.

Nous aurions à entrer dans des détails bien délicats, dans des appréciations que la plume a grand'peine à rendre, si nous voulions mettre en relief les qualités diverses dont la réunion donne aux vins de la Gironde leur haute valeur ; l'absence de tel caractère, la combinaison de tel autre avec tel autre, des nuances inappréciables à tout palais non exercé, amènent dans les prix des différences énormes, mais ces nuances, dont la perception nette, rapide, soudaine, se révèle promptement aux papilles nerveuses d'un connaisseur, les mots ne sauraient en donner qu'une idée fort imparfaite.

On convient généralement qu'il est bien plus facile de juger les vins blancs que les rouges, même à partir de la récolte. Le goût actuel veut, dans les rouges, un équilibre parfait de diverses propriétés opposées, et qui se détruisent mutuellement, telles que le corps, la belle couleur et la maturité parfaite, réunies à un agrément et à une souplesse qui n'admettent pas la moindre dureté ; on exige encore une rondeur et un parfum exquis qui ne veulent pas d'enveloppe ; mais à l'égard des blancs, on est content d'eux s'ils possèdent de la liqueur et de la force.

Pour la complète réussite des vins rouges, il faut une succession bien rare de températures variées, tantôt chaudes pour mûrir le raisin, tantôt humides pour amollir sa peau, tantôt sèches pour arrêter la séve, etc. Le sort définitif des vins déjoue donc maintes fois les prévisions les plus subtiles, et, remarquons-le ici, plusieurs des années que le commerce bordelais a tenues en une juste estime, avaient été précédées d'un été qui avait fait presque désespérer de la récolte ; que l'on se rappelle 1819, 1823, 1828 et 1835.

En parlant de la réussite des vins rouges, il faut les diviser en deux classes. Les classes inférieures, telles que Blaye, Côtes, Palus, Bourg, etc., sont le produit de cépages de toute espèce qui, plantés sur un terrrain gras et dans des expositions diverses, mûrissent ordinairement plus tard que les crûs distingués de Graves ou de Médoc ; d'ailleurs, ils sont récoltés en masse et avec peu de soin ; aussi, dans les mauvaises années, ces vins sont le produit de raisins d'une maturité imparfaite ou très-inégale ; ils restent verts et faibles, tandis que le Médoc, avec une maturité plus précoce, et grâces aux soins donnés à l'effeuillage des ceps, au triage des raisins, au dérapage, en un mot à toutes les opérations de la vendange, peut encore faire de très-bons vins. Ajoutons que le bouquet et l'agrément que les vins fins acquièrent dans leur vieillesse ne peuvent pas se rencontrer dans les vins communs ; c'est le résultat des propriétés des terrains, du choix des cépages et de l'intelligente activité des propriétaires ; aussi l'on ne doit chercher dans les vins rouges que de la couleur, du corps, une parfaite maturité, sans jamais craindre l'excès de ces qualités.

Les bons vins du Médoc et les vins de Graves viennent sur un terrain léger, caillouteux, légèrement ondulé ; c'est ce terrain qui donne aux vins cette séve inimitable de parfum distingué, que l'on compare à l'odeur de la violette. Tous les vins du Médoc possèdent ce bouquet, mais à des degrés différents.

Il y a des cépages grossiers, produisant beaucoup, mais de médiocre qualité ; ils doivent être entièrement exclus des bons crûs. Parmi les bons cépages, la diversité des qualités est encore très-grande : les uns donnent un vin délicat, mais faible en couleur ; d'autres ont plus de corps ; ceux-ci se distinguent par la couleur et ceux-là par la douceur. Il faut donc choisir, entre ces diverses qualités, dans la proportion convenable pour faire un vin parfait ; mais malgré ce choix, comme ces divers cépages fleurissent, se développent et mûrissent à des époques différentes, il arrivera presque toujours que l'un d'eux prédominera ou nuira aux autres. C'est à ces motifs qu'il faut attribuer la réussite si différente d'un même crû dans plusieurs années, ou celle de deux crûs de la même classe dans une même année.

Nous avons mis en tête de nos indications sur le résultat de chaque récolte quelques notes sur la température de l'année ; il serait à désirer que ce travail pût être complété par des renseignements plus détailllés et basés sur des observations météréologiques auxquelles nous ne saurions donner place ici, mais d'où l'on pourrait tirer des inductions plus sûres au sujet de l'influence du temps sur la récolte.

En général, les premiers six ou sept mois de l'année exercent une grande influence sur le produit des récoltes par des circonstances facile à saisir, telles que gelées, grêles, intempéries pendant la floraison et le coulage qui en résulte. La qualité par contre paraît surtout dépendre de la température des deux ou trois mois qui précèdent les vendanges et du temps qui les accompagne. On pourrait citer de nombreux exemples de grands changements produits sur la vigne, à cette époque; plusieurs fois un court espace a suffi pour réparer de grands dommages.

Ces réflexions préliminaires n'étaient peut-être pas tout-à-fait inutiles; passons maintenant successivement en revue les récoltes à partir du rétablissement de la paix et des relations commerciales.

1815. — Qualité des rouges et blancs, également supérieure; année des plus remarquables sous tous les rapports; prix assez bas. Développement parfait; vins corsés, moelleux, agréables, parfumés.

1816. — Pluies continuelles durant le printemps et l'été; temps froid. La plus mauvaise récolte qui se soit jamais vue; beaucoup de propriétaires ne ramassent pas le raisin; beaucoup de vins sont convertis en vinaigre. On paie les premiers crûs 400 à 500 fr. le tonneau, encore pour y perdre son argent.

1817. — Temps humide et peu favorable; récolte peu supérieure à la précédente. Le commerce achète à des prix très-élevés et fait des pertes énormes sur ces vins qui tournent fort mal.

1818. — Temps assez chaud et favorable; vins rouges colorés, mais durs. Prix très-élevés. En se développant, les vins restent durs et désagréables. L'Allemagne n'en veut pas.

1819. — Température durant l'été assez douce mais variable; il pleut pendant la récolte. Les vins rouges sont d'une qualité douteuse au commencement; on n'achète qu'au printemps; quantité extrêmement abondante. Au bout de quelques mois, les vins se montrent pourvus de toutes les qualités qui constituent une excellente année. Les Côtes et Palus sont un peu maigres et faibles en couleur ; les petits Médoc ont un peu de dureté, mais les classes supérieures se distinguent par la finesse, l'élégance, le bouquet, et surtout par l'agrément et le moelleux ; ils murissent rapidement pour la bouteille (1821), et se conservent jusqu'en 1825-26. Les blancs se montrent pleins d'agrément et de douceur, mais n'ayant pas assez de corps pour constituer une grande année.

1820. — Hiver très-rigoureux ; la vigne souffre par la gelée ; été variable.

Les vins rouges se montrent corsés, d'une belle couleur et d'une bonne maturité.

Enhardi par le succès et les bénéfices de 1819, le commerce achète à des prix fort élevés et qui dépassent de 50 p. 100 ceux de 1819 ; à mesure qu'ils se développent, les vins restent durs, dépourvus d'agrément et de bouquet ; ils font perdre beaucoup d'argent. Les blancs sont également d'une qualité inférieure ; achetés à des prix proportionnellement encore plus élevés que les rouges ; le commerce éprouve des pertes sensibles sur cette récolte.

1821. — Été pluvieux ; récolte tardive, et contrariée par un temps affreux ; elle est abondante et d'une qualité extrêmement médiocre ; les vins manquent de corps, sont verts et échaudés. Les prix des rouges sont assez bas, mais c'est encore trop cher pour la qualité. Les blancs, assez chers ; développement mauvais ; les rouges restent inservables, et les blancs ne sont pas goûtés en Allemagne ; ils donnent de grandes pertes.

1822. — Hiver pluvieux, assez doux. En avril (le 20) de fortes gelées de nuit ravagent la vigne déjà très-avancée ; mais, favorisée par une température extrêmement chaude en mai, la vigne pousse des contre-boutons et entre en fleur avant la S[t].-Jean. L'été continue à être sec et très-chaud, et, le 25 août, l'on est en pleines vendanges, même dans les vins blancs.

Par suite des gelées et de quelques grêles, le produit est des plus minimes. Les rouges se distinguent par une belle couleur, de la séve et de la finesse. Les blancs sont corsés et excellents sous tous les rapports.

Les bons vins étant devenus très-rare par suite de deux mauvaises récoltes, on enlève tout le produit de celle-ci dès décembre, en payant des prix très-élevés.

En se développant, les vins rouges supérieurs conservent de la dureté : ils n'ont pas beaucoup de bouquet ; ils sont peu goûtés dans le Nord. Les classes inférieures, vu leur rareté et leur bonne réussite, se placent assez bien. A l'égard des blancs, l'année est remarquable ; et, malgré les prix d'achat très-élevés, ces vins donnent de beaux bénéfices. En 1835 et 1836 encore, ce qui restait des premiers crûs de cette récolte pouvait servir de type pour ce genre, et n'avait rien perdu de sa qualité.

1823. — Hiver peu rigoureux ; été orageux et pluvieux ; récolte tardive ; en août et au commencement de septembre, un temps chaud qui mûrit le raisin, mais il y a une grande inégalité dans la récolte ; pluies continuelles pendant les vendanges avec une température froide ; plusieurs propriétaires de petits vins, désespérant de la qualité, laissent le raisin sur pied. La récolte est d'une abondance extraordinaire ; dans plusieurs endroits, dans les Côtes et Palus, on donne le vin pour le logement.

Les blancs sont verts, échaudés, faibles ; les rouges, très-inférieurs, sont plats, sans couleur ni corps ; dans le Médoc seul, on remarque l'absence de toute verdeur et un joli bouquet.

En décembre, quelques maisons commencent à acheter dans le Médoc, et, grâce à la défaveur générale, elles obtiennent à de très-bas prix. Les achats deviennent plus animés dans le printemps et continuent jusques vers l'automne, où la majeure partie de cette grande récolte se trouve placée.

Les vins du Médoc, vieillissant promptement à cause de leur extrême légèreté, ont bientôt acquis un bouquet et une finesse remarquables : ces qualités sont rehaussées par l'absence de verdeur et de toute dureté. Par suite de leur bas prix, ces vins plaisent beaucoup en Allemagne ; c'est une des bonnes années pour le commerce.

A l'égard des blancs, dans les bons crûs, il se trouve des vins qui ne sont pas dépourvus d'agrément. Achetés à bas prix, ils s'emploient avec avantage.

1824. — Temps pluvieux et défavorable durant toute l'année. Récolte très-abondante ; vins verts, durs ; réussite des plus mauvaises.

1825. — Dans l'hiver, quelques gelées ; printemps assez froid ; dès le mois de mai, il règne une chaleur tempérée, interrompue par des pluies de peu de durée. Beaucoup de vents d'ouest ; la récolte se fait par un temps magnifique. Les mois d'août et de septembre avaient été constamment beaux.

Cette année sera long-temps célèbre ; elle a laissé des souvenirs fâcheux dans l'esprit du commerce bordelais ; mais parmi les propriétaires de vignobles, elle est réputée l'année par excellence. La quantité en rouges et en blancs était celle d'une année extraordinaire et des plus abondantes. L'engouement du commerce pour cette récolte et son avidité pour s'en emparer furent tels que les achats commencèrent avant que la récolte ne fût terminée ; une portion des vins du Médoc fut traitée avant d'être écoulée et le reste immédiatement après.

Les rouges paraissaient présenter, dès la récolte, toutes les qualités exigées pour une réussite parfaite : ces vins étant riches en couleur, séveux, pleins de bouquet et d'une maturité parfaite, personne ne se douta du danger que présentait cet excès de richesse pour le développement futur des vins. A peine y eût-il quelques voix qui osèrent se prononcer dans un sens contraire ; aussi ne furent-elles écoutées de personne.

On jugea les vins rouges presqu'avant la récolte, et on négligea d'examiner les blancs, même long-temps après ; on voulut les trouver durs, trop corsés, et l'opinion différa de leur assigner la place qu'ils ont occupée depuis et qu'ils méritaient ; il faut attribuer cette injustice à l'épuisement où se trouvait le commerce par sa spéculation exagérée sur les vins rouges, car l'année était supérieure, et plus tard elle a été reconnue comme telle.

Diverses causes déterminèrent le commerce à mettre un empressement si vif dans ses achats :

1° Les bénéfices réalisés sur la récolte de 1823 ;

2° Le manque de bons vins sur la place ;

3° Des ordres nombreux venus du Nord et surtout de l'Allemagne, qui avait ajouté une foi entière aux prédictions favorables sur la récolte ;

4° L'opinion unanime sur la parfaite réussite.

Les achats ayant été ouverts avant la fin des vendanges, a des prix élevés (1) et chacun craignant de ne pas arriver

(1) Il ne sera pas sans intérêt d'énumérer ici en détail les prix qu'obtinrent certains des crûs les plus renommés :

Margaux. Le château, 3,600 fr. ; Rauzan et Lascombe, 3,000.

Cantenac. Gorsse, 2,450 ; Kirwan, 2,150 ; Desmirail, 2,050.

assez tôt, les vins furent rapidement poussés aux prix les plus élevés qui se soient jamais vus. On enleva ainsi, dans moins de quatre semaines, pour 20 à 25 millions de vins dont les 3/4 ou les 2/3 restèrent dans les caves des négociants bordelais.

A l'arrivée des vins en Allemagne, l'on convint de leur supériorité, tout en se récriant sur les prix énormes. Peu à peu l'on s'aperçut avec quelle lenteur ils se développaient. Le mécompte fut grand pour les acheteurs étrangers. Ayant pour la plupart des notions peu exactes sur les diverses qualités, ils s'étaient imaginés que le développement des vins serait conforme aux prix payés. Tel qui avait des vins à 400 et 600 fr. le tonneau, croyait tenir des vins à séve et de bouquet, tandis que ce n'était que des simples Côtes ou des bas Médoc, riches en corps et en couleur, mais incapables d'acquérir d'autres qualités. Ceux qui avaient mis 7 ou 800 fr. s'attendaient à quelque chose de distingué et bon pour la bouteille; c'était à peine si ces vins (petits paysans) avaient quelque séve.

Cette illusion était si généralement répandue, qu'il a fallu de longues années pour reconnaître la véritable valeur des 1825. Il est avéré aujourd'hui que cette récolte, par l'excès de corps et de maturité, était entièrement dépourvue de finesse, d'élégance, de rondeur et

---

Saint-Julien. Léoville, 3,150; Gruau-Larose, 3,000; Lagrange-Cabarrus, 2,700; St-Pierre-Roulet et Delage-Dauch, 1,800.

Pauillac. Lafitte, 3,450; Branc-Mouton, 3,250; Pontet-Canet, Ducasse et Darmailhac, 1,500; Lynch, 1,800; Mandavit-Milon, 1,800.

Saint-Lambert. Latour, 3,000; Pichon-Longueville, 2,700.

Saint-Estèphe. Gaston-Labory, Arbouet et Lafon-Rochet, 1,500; Tronquoy, 1,400.

Saint-Laurent. Luetkens-Carnet, 2,000.

d'agrément, qualités essentiellement recherchées aujourd'hui dans les vins rouges. Les vins des premières classes, entretenus avec soin, ont fini, il est vrai, par acquérir, à la fin, une sève distinguée et quelques-uns des caractères d'une grande année, mais toujours en conservant une certaine raideur et un peu de sécheresse qui ne plaisaient point aux consommateurs. Dans tout ce qui est au-dessous des deuxièmes et troisièmes crûs, le développement a été absolument le contraire de ce qu'on attendait. Les vins restèrent durs, dépourvus de bouquet, devenant secs en même temps que potables. Le Commerce de Bordeaux a resté bien long-temps sans comprendre toute l'étendue de sa méprise, et par là, il n'a fait qu'aggraver ses pertes. Jusqu'en 1831, l'opinion que les 1825 acquèreraient toutes les qualités d'une grande année, a prévalu, et nous avons vu faire, à cette époque, par des négociants très-respectables, l'estimation désintéressée et consciencieuse d'une partie de ces vins, évalués 60,000 francs, et qui ne purent être réalisés un an après qu'à 30 ou 35,000 fr. On peut avancer que la spéculation de 1825 a coûté au commerce de Bordeaux 10 à 12 millions.

Quand aux vins blancs, négligés par le commerce, qui s'arrêta tout court après avoir pris quelques crûs à des prix élevés; ils ont pourtant, beaucoup mieux que les rouges, répondu a l'idée d'une grande année. Ils se sont parfaitement développés, ils ont acquis une finesse remarquable; c'était des vins généreux, corsés, liquoreux. S'il y a eu des mécomptes sur les achats faits en vins blancs de 1825, ils ont porté sur les classes inférieures, achetées à des prix très-élevés; il se présente aussi à cet égard une circonstance à signaler.

A partir de 1825, une révolution complète s'effectua

dans le goût des pays où s'opérait la principale consommation de nos vins blancs. Les villes Anséatiques, qui en avaient tiré des masses, diminuèrent de beaucoup leurs demandes ; dans la Prusse et dans tous les États qui adhérèrent successivement à son système douanier, la consommation en devint nulle. Dès-lors les vins blancs ne trouvèrent de débouchés qu'à de bas prix, soit pour l'intérieur, soit pour la Russie, et tous les produits des vignobles blancs baissèrent promptement de 40 à 50 pour 100.

1826. — L'été assez froid et pluvieux. Récolte mauvaise; vins blancs échaudés, verts et sans liqueur; les rouges sont faibles en corps et en couleur. Épuisé par les achats de 1825, le commerce néglige entièrement cette récolte, dont les prix ne s'établissent que très tard et dans des proportions assez raisonnables. On n'achète que fort peu. Les rouges acquièrent en vieillissant un peu plus de couleur et de corps, cependant la qualité en reste fort médiocre. Les blancs demeurèrent très-inférieurs.

1827. — Récolte assez bonne ; vins rouges corsés, un peu durs, colorés. Blancs, qualité moyenne. Il y eût peu d'empressement pour les achats; les prix ne furent point élevés. Les vins, à quelques exceptions près, conservèrent de la raideur et restèrent durs.

1828. — Hiver doux, été chaud, pluie pendant la récolte. Vins rouges, légers, ayant de la finesse, peu de corps et de couleur. Dans les blancs, beaucoup d'agrément, de la liqueur et de la maturité. Il y eut de l'hésitation à acheter cette récolte ; on attendit jusqu'au printemps pour se décider à traiter à des prix très-modérés. En se développant, les vins rouges inférieurs restent faibles et petits, mais les classes moyennes tournent favorablement ; ce sont des vins légers, fins, pleins d'agrément et de bouquet. Les vins supérieurs sont distingués par l'élégance, le parfum et le velouté; ils finissent par être très-recherchés pour la bouteille, et se maintiennent, pendant quelques années (jusqu'en 1836–37), au premier rang. Les blancs, malgré leur agrément, manquent de corps et ont un principe de fermentation qui les détruit de bonne heure.

1829. — Hiver pluvieux, printemps assez doux, été inconstant; à partir d'août, température très-froide; pendant la récolte, des pluies continuelles. Quantité des plus abondantes. Qualité des plus mauvaises; le raisin manquait généralement de maturité; rouges et blancs sont verts, échaudés, sans couleur et sans corps. La qualité est tellement décriée que personne n'en veut. Les premiers et deuxièmes crûs du Médoc furent achetés, quelques années après la récolte, à 4 et 500 fr.; les quatrièmes crûs de 250 à 300 fr. Les vins supérieurs, quoique dépourvus de couleur, présentèrent en vieillissant un parfum assez prononcé, les autres restèrent inservables, et les meilleurs mêmes conservèrent de la verdeur.

1830. — Hiver des plus rigoureux. La vigne souffre, par suite de gelées de 12 et 13 dégrés Réaumur, jusqu'en février. Des gelées de nuit, dans le printemps, occasionent aussi des ravages assez considérables. L'été est assez chaud. La quantité fort réduite, tant en rouges qu'en blancs. La quali'é se ressent des désastres du printemps. Les rouges sont corsés et colorés, mais durs et verts. Les blancs n'ont pas assez de maturité. La rareté des vins rouges fait mettre un prix assez élevé à cette récolte.

1831. — Hiver très rigoureux, la Garonne charrie des glaçons en abondance. A partir du mois de juin, temps chaud mais souvent orageux; en août, la grêle enlève une partie de la récolte. Les vendanges se font par un beau temps qu'interrompent quelques légères pluies. Quantité extrêmement réduite ; la vigne se ressent des rigueurs de l'hiver.

La température favorable avait fait concevoir une haute idée des produits de cette récolte ; cependant quelques personnes crurent apercevoir dans les vins rouges un fond de dureté et un excès de maturité, mais leur avis fut peu écouté. Dès novembre, l'on acheta presqu'en totalité la récolte à des prix élevés et s'approchant de ceux de 1825.

Cette année a-t-elle répondu aux espérances des acheteurs ? Les prix élevés qu'on avait payés ont-ils été justifiés par la réussite des vins ?

Quant aux blancs, la question est hors de doute. Malgré les deux années abondantes et d'une qualité assez bonne qui suivirent cette récolte, malgré les hauts prix auxquels on avait traité, les détenteurs ont eu lieu d'être satisfaits. Les vins blancs de 1831 surpassent peut-être 1822, quant au corps et à la force, et ils ont plus de finesse que les 1825.

En fait de rouges, les crûs supérieurs du Médoc offrent réellement le type d'une grande année ; riches en chair, séveux et parfumés, ils ne laissent à désirer qu'un peu plus de moelle et d'agrément : leur développement a été tardif. Les vins des classes moyennes possèdent quelques-uns des caractères que réunit une qualité distinguée ; chargés en majeure partie pour la Prusse, ils n'ont pas tout-à-fait répondu à la haute idée que l'on s'en était faite ; cela devait être, car le goût de ce pays est porté vers les vins légers, et des droits exorbitants ne permettent pas d'attendre le développement des années comme 1831.

1832. — Hiver assez doux ; printemps très-beau ; dans l'été, chaleurs excessives. Depuis le 6 juin jusqu'à la fin des vendanges, il ne tomba pas une goutte de pluie. Récolte très-abondante ; le raisin fut d'une maturité parfaite ; seulement l'absence de toute pluie empêcha la peau du raisin de s'amollir, et les vins rouges manquèrent de moelleux.

Il se manifesta une vive demande pour le nord de la France, et presque tous les vins rouges de Cotes, les Palus, les Blaye furent enlevés à de bons prix. Une assez jolie partie de vins supérieurs, fut également traitée à des prix modérés ; la grande abondance rendit les propriétaires faciles.

Les blancs restèrent délaissés, malgré leur excellente qualité ; on ne peut attribuer cette fâcheuse circonstance qu'au peu de débouchés qui s'offrent pour ces vins.

Si les prix d'achats avaient été élevés, cette année aurait donné des pertes tout comme 1825, car les rouges conservèrent une certaine dureté et manquèrent de parfum ; heureusement leur bas prix permit d'en écouler la majeure partie dans l'année 1833. Les vins fins qui restèrent sur place ont acquis peu de faveur ; les récoltes abondantes et de bonne qualité qui les ont suivis leur ont fait tort.

L'on avait rendu justice à l'excellente qualité des vins blancs qui furent achetés peu à peu à des prix excessivement bas ; par exemple, des Cérons, en 1834, à 300 fr.

1833. — Hiver peu rigoureux ; printemps beau ; été chaud et pluvieux. Le mois de septembre froid et humide ; des pluies pendant la récolte. Quantité extrêmement abondante en rouges et en blancs ; les premiers ont de la couleur, assez de corps, de la sève, mais aussi beaucoup de verdeur ; ayant devant eux les bonnes années de 1831-32, les vins blancs de 1833 ne purent jouer qu'un triste rôle ; aussi furent-ils peu appréciés ; ils restèrent tout-à-fait négligés dans le principe ; ils donnèrent lieu à peu d'affaires et à des prix excessivement bas. Quant aux rouges, la spéculation d'une compagnie suisse donna de l'impulsion aux achats ; elle traita en janvier pour 1,500,000 fr. environ de vins de Médoc, des crûs supérieurs, dans les prix de 400 à 1,000 fr. Ces achats trouvèrent des imitateurs, et, malgré l'abondance de la récolte, une bonne partie en éait placée dès les premiers mois de 1834, à des prix assez bas, il est vrai.

Les vins rouges perdirent en vieillissant une partie de cette verdeur qui avait effrayé d'abord, et ils montrèrent de la finesse et un joli bouquet ; c'est une des années qui s'est le mieux développée en raison de ce qu'elle promettait ; il est vrai que certains crûs conservèrent toujours une certaine sécheresse et un peu de dureté ; mais d'autres ont tellement perdu ce défaut qu'ils le cèdent peu aux 1828. Les blancs ont également bien tourné, et quoique généralement un peu maigres, ils ne laissent pas d'avoir de l'agrément et une jolie séve.

1834. De fortes gelées dans le mois d'avril firent de grands ravages dans tous les vignobles. L'été fut favorable au développement de la récolte, mais très-orageux, et à diverses reprises la grêle fit beaucoup de mal, surtout dans les communes blanches. A de fortes chaleurs en août succéda en septembre un froid et un temps pluvieux. Le raisin commençait à souffrir lorsqu'à la fin de ce mois la chaleur revint : elle dura jusqu'à la fin d'octobre avec une force et une intensité inconnues dans cette saison. Plusieurs crûs avaient déjà été ramassés et ils avaient donné un produit des plus mauvais ; des vins échaudés, verts, et d'un goût détestable ; ce qui restait sur pied eut le temps de mûrir complétement ; toutefois, il y avait déjà beaucoup de raisin pourri, et la peau était excessivement fine. La fermentation dans les cuves se manifesta avec une rapidité et une force sans exemple, et il fallait décuver le troisième ou le cinquième jour ; beaucoup de vins furent piqués pour avoir demeuré trop long-temps dans les cuves ou pour n'avoir pas été récoltés avec assez de promptitude. En général, tous les vins rouges de 1834 avaient un goût de pourriture prononcé ; goût qui s'était rencontré quelquefois dans des crûs particuliers, mais jamais d'une manière aussi universelle. Les gelées et la grêle avaient réduit cette année à une très-petite récolte ; les vignes rouges, surtout, avaient produit peu.

Le goût particulier dont nous avons parlé existait dans tous les vins rouges, mais dans quelques-uns si fortement qu'il rebuta les dégustateurs et l'on ne se trompa point en déclarant ces vins défectueux. L'un des premiers crûs (Lafite) se trouva dans cette catégorie. Excepté ce défaut, les vins réunissaient toutes les qualités désirables, ayant du corps, de la couleur, du parfum, réunis à la moelle, une rondeur, un velouté et un agrément très-séduisant.

La spéculation s'empara bientôt de ces vins ; on les paya comme une grande année, et presque tous les grands vins, ainsi que les classes moyennes, furent achetés. Il n'y eut de l'hésitation que pour les vins douteux, et plusieurs de ceux-ci restèrent entre les mains des propriétaires.

En se développant, les rouges de 1834 perdirent, en grande partie, le goût vicieux qui avait fait craindre pour leur réussite ; c'est incontestablement une de nos grandes années ; elle a réuni à beaucoup de couleur et de force, une souplesse et un agrément bien rares.

Au sujet des blancs, si l'on en excepte quelques parties récoltées trop tôt, la réussite fut parfaite; elle justifia pleinement les hauts prix auxquels on avait acheté. Ces vins se distinguent surtout par une grande finesse jointe à de la force et à une parfaite blancheur. La partie sucrée dont ils étaient abondamment pourvus dans le principe, s'est parfaitement convertie en alcool, et l'on put leur prédire une très-longue durée, sans craindre qu'ils ne devinssent secs comme les 1819 ou les 1828.

1835. — Après quatre années d'une bonne réussite, l'on pouvait s'attendre à une mauvaise récolte; l'état atmosphérique de l'année 1835 semblait confirmer cette opinion. L'été était d'une température très-inégale, tantôt froid, tantôt pluvieux; le mois de septembre se signala par des tempêtes et un froid très-désagréable; la maturité du raisin était d'une grande inégalité ; la récolte, dans les Côtes, les Palus et les communes blanches, se fit sous les auspices les plus défavorables. Le Médoc, grâce à la maturité précoce du raisin, eut cependant le bonheur de profiter de quelques beaux jours pour ramasser sa récolte. La quantité fut très-abondante, excepté dans quelques paroisses qui avaient souffert de la gelée ou de la grêle.

Faibles en corps et en couleur et avec une verdeur assez prononcée, les vins rouges de 1835 se présentèrent d'abord d'une manière très-désavantageuse ; cependant la première dégustation, dans le Médoc, fit déjà apercevoir qu'il y avait des vins droits de goût, sans trop de verdeur et offrant un bouquet remarquable. Les Graves, par contre, se présentaient mal, et les Palus étaient excessivement verts.

Les achats ouverts en décembre à des prix modérés, continuèrent, dans le Médoc, pendant les premiers mois de 1836.

Quant aux blancs, aucune année, depuis 1829, n'avait été aussi mauvaise que celle-ci.

Le développement des rouges constata une similitude frappante entre 1823 et 1835. Cette dernière année possédait peut-être un peu plus de corps, mais aussi un peu moins d'agrément que 1823 ; d'ailleurs, même légéreté, couleur faible, beau parfum, prompte maturité et déclin rapide. Les 1835 ont toujours plu davantage au nez qu'au palais, et après cinq à sept ans il ne leur restait plus que le bouquet.

CLASSEMENT DES VINS ROUGES, DU MÉDOC,
des années 1815 *à* 1835 *selon leur réussite.*

Années 1815, 1834, 1831 :

Types de grandes années, réunissant une parfaite maturité, du corps, de la séve, du bouquet, de la finesse, du moelleux, de la souplesse.

Années 1825, 1822, 1832 :

Vins réputés de grande qualité dans le principe, mais dont la trop grande maturité et un excès de corps entravent le développement et produisent de la dureté.

Ces vins sont estimés en Angleterre pour les premiers crûs et en Hollande pour les classes inférieures ; ce sont des réussites parfaites pour les Côtes et les Palus. Ces années se sont payées cher.

Années 1819, 1828, 1835, 1823 :

Années excellentes pour l'Allemagne ; elles se distinguent par la finesse et l'agrément et surtout par le parfum ; mais elles faiblissent un peu sous le rapport du corps et elles laissent à désirer pour la couleur.

Ce sont des années abondantes et achetées à bon marché.

Années 1818, 1820, 1830 :

Durs, corsés, assez colorés, manquant de bouquet.

Années 1833, 1827, 1826 :

Ayant de la verdeur au commencement, mais se développant assez bien ; néanmoins, ils conservent toujours de la dureté.

Années 1821, 1824, 1816, 1829, 1817 :

Années dépourvues de toute qualité ; produit d'une température constamment froide et pluvieuse, surtout pendant les derniers mois. Ces années sont sans emploi pour le Commerce.

CLASSEMENT DES VINS BLANCS.

Années 1815, 1831, 1822, 1834, 1825:

Grandes années ; parfaite maturité, liqueur, séve, agrément, beaucoup de force.

Années 1832, 1828, 1819, 1827:

Bonnes années, vins fins, agréables, mais ayant moins de corps et un peu trop de douceur.

Années 1827, 1826, 1833, 1823 :

Années médiocres, ayant de la verdeur.

Années 1818, 1820, 1830, 1821, 1824 :

Vins durs, échaudés, verts et faibles.

Années 1835, 1829, 1817, 1816 :

Vins complètement sans emploi.

Nous avons essayé de caractériser les vingt récoltes qui se sont présentées de 1815 à 1835 ; une plus longue période ne saurait se classer convenablement, et nous éprouvons aussi quelque hésitation à nous prononcer sur le mérite des huit récoltes qui leur ont succédé. Plusieurs d'entre elles ne sont pas encore bien classées dans l'opinion des connaisseurs, il est difficile d'ailleurs de juger avec une entière impartialité des faits si rapprochés de nous. Tenons nous en à quelques observations rapides sur ces huit années, qui du reste n'offrent point en général ce caractère bien arrêté en bien ou en mal, qui se montre dans une portion des récoltes précédentes ; elles sont, par cela même, moins aisées à apprécier.

Les années de 1835 à 1843 ont été généralement mauvaises pour les propriétaires, mais surtout pour les producteurs de vins moyens ou pour les crûs classés. Il ne saurait s'agir ici de rechercher les causes de la décadence de notre commerce de vins, elles ne sont d'ailleurs ignorées de personne. La défaveur qui depuis long-temps a pesé sur nos vins blancs a de même frappé les vins rouges de qualité supérieure. Le nord de la France et les colonies se montrent presque toujours disposés à consommer les petits vins dans les prix de 120 à 200 fr. le tonneau ; dans des années de disette on a dépassé ces limites et payé jusqu'à 250 ou 275 fr. ; mais dans ces achats il n'est plus question du mérite relatif des vins : ceux qui s'offrent au meilleur marché obtiennent toujours la préférence, et l'on ne paie des prix élevés que lorsqu'il n'existe plus de vins à bon compte. L'Angleterre est presque le seul pays qui consomme des vins d'un prix supérieur ; elle les paie très-cher, mais quelques crûs privilégiés et quelques récoltes d'une réussite parfaite suffisent à ses demandes. Elle ne veut d'ailleurs que des vins vieux, et le commerce bordelais, en achetant de bonne heure les vins des années qui s'annoncent favorablement, court tous les risques de leur développement. Le désir de participer à ce commerce, qui est devenu un privilége, a fait commettre bien des méprises qui ont été souvent chèrement payées, ainsi que les huit années de 1836 à 1843 en offrent plus d'un exemple.

La consommation des vins moyens, très-restreinte aujourd'hui, reste stationnaire ou tend à décroître en présence d'une production croissante. En effet, les soins qu'apportent maintenant presque tous les propriétaires à leurs récoltes, le système d'égrappage généralement adopté, ont beaucoup accru la quantité des vins tendres, agréables, d'un développement précoce, mais malheureusement aussi cette circonstance a contribué à déprécier ce genre de vins, dont les débouchés allaient en se restreignant. Les états du Zollverein, la Russie, ont frappé nos vins de droits énormes, à la faveur desquels la culture de la vigne fait chez eux chaque année de nouveaux progrès, et substitue ses produits aux nôtres.

Nous croyons qu'on peut classer les huit années dont il est question de la manière suivante :

Vins rouges, 1841 (la meilleure), 1840, 1837, 1838, 1839, 1842, 1836, 1843.

Vins blancs : 1840, 1841, très-bonnes années : 1839, 1837, 1838, années de qualité moyenne; 1842, 1836, 1843, qualités très-inférieures.

Dans les vins rouges, aucune de ces huit récoltes ne peut être appelée décidément mauvaise. Cependant les 1836 n'ont pu se placer que difficilement et à des prix réduits; les 1843 existent encore en partie. Cette dernière récolte était du reste de peu d'importance ; de fortes gelées avaient ravagé la vigne et considérablement réduit la quantité. Il y eut dans l'été de 1843 un mouvement de hausse très-prononcé sur les spiritueux de tout genre ; tous les vins à bas prix (et notamment la récolte de 1842), furent rapidement enlevés par le commerce; quelques achats s'opérèrent aussi dans les grands crûs. Mais les vins moyens furent loin d'être atteints dans la même proportion.

L'année 1842 a produit des vins légers et qui, dans le principe, trouvèrent peu d'approbateurs; plus tard et à l'époque que nous avons indiquée, on les acheta à de bas prix, et l'Allemagne a paru en être très-satisfaite. Les grands crûs n'ont pas eu de réputation.

Les trois années 1837, 1838, 1839, ont aujourd'hui presque disparu du marché. Elles avaient été préconisées alternativement par une partie de nos courtiers et repoussées par d'autres ; si elles n'ont pas répondu à l'attente des uns, elles n'ont point mérité le blâme des autres. C'étaient des vins d'une réussite moyenne, ayant assez de maturité, de l'agrément, du parfum, et plaisant à la généralité des acheteurs par les bas prix auxquels on les obtint. Aussi ont-ils été trouvés satisfaisants pour les qualités inférieures et moyennes, classes qu'on aime aujourd'hui à voir se développer promptement, et qui sont consommées au bout de deux à quatre années. Mais il n'en est pas de même des grands vins, qui bien qu'achetés assez long-temps après leur récolte, et par conséquent dans un état plus propre à être jugés, n'ont pas répondu à l'attente du commerce. Ces vins, au bout de 5 à 6 ans, ont montré une sécheresse et une maigreur qui est le signe manifeste de leur déclin. Les 1838 et 39 existent encore en partie, aussi n'osons-nous point nous prononcer d'une manière décisive à leur égard ; nous craignons bien que ces deux années n'atteignent jamais une réputation qui puisse compenser les hauts prix auxquels on les a payées, 1839 surtout.

L'année 1840 a donné une récolte très-abondante et qui avait plus d'une analogie avec celle de 1832. Un printemps pluvieux et assez froid avait été suivi d'un été très chaud et très sec; mais septembre eut en partie des pluies froides et qui contrariaient la récolte des raisins qui étaient restés un peu tard sur pied. Le Médoc put vendanger plus tôt et faire des vins parfaitement mûrs; ces vins jouirent d'une faveur marquée, et cependant l'on est obligé aujourd'hui de convenir qu'ils ne se développent pas d'une manière brillante ; qu'ils manquent un peu de bouquet, et qu'ils ont cette même tendance à la sécheresse, caractère des trois ou quatre récoltes qui précèdent 1840.

L'année 1841, par contre, a été généralement méconnue. Jusqu'à l'été de 1843, ces vins restèrent à vil prix et négligés de tous. Les 1840 eurent sur eux une préférence marquée; toutefois l'on convient aujourd'hui que ces vins ne sont ni durs ni verts, qu'ils portent au contraire l'empreinte d'une bonne réussite, et que, sur les huit années dont nous parlons, ils méritent d'être classés au premier rang.

Nous n'avons pas voulu comprendre dans notre résumé la dernière année 1844, parce qu'elle s'est placée pour ainsi dire hors ligne. Depuis long-temps les vins des crûs supérieurs n'avaient plus joui du privilège d'être achetés en masse immédiatement après la récolte ; le commerce bordelais avait contracté l'habitude d'une extrême prudence ; il a cru pouvoir s'en départir cette année, et payer des prix fort élevés. Les vins moyens n'ont pu suivre cette impulsion. En présence des prétentions élevées des détenteurs et des réflexions un peu tardives du commerce, ces vins sont restés presque tous invendus. Les vins inférieurs ont été achetés en majeure partie pour la Hollande et le nord de l'Allemagne, à des prix assez élevés, mais qui cependant ne sont nullement en proportion avec ceux des crûs supérieurs.

CHAPITRE XIV.

DE L'EXPORTATION DES VINS DE BORDEAUX

AU MOYEN AGE ET AU DIX-HUITIÈME SIÈCLE.

Dès le douzième siècle, on trouve des traces du commerce actif dont Bordeaux était redevable à ses vins ; l'union de la Guienne à l'Angleterre, effectuée en 1152, mit notre province en rapports directs avec les consommateurs britanniques ; le premier acte qui nous soit connu, relatif à l'importation des vins dans les ports d'outre-Manche, porte la date de 1154. Il fut suivi d'une foule d'autres statuts qui se succèdent rapidement et qui démontrent quelle était déjà, à l'égard des boissons, l'importance des échanges entre les deux peuples. L'autorité obéissant aux notions d'économie politique, alors en vigueur, croyait faire merveille en fixant un *maximum* que le prix du vin ne pouvait dépasser ; c'est ainsi qu'un édit rendu dans la première année du règne de Jean-sans-terre fixe à 20 sous sterling par tonneau le prix du vin de Poitou, et à 24 sous le vin d'Anjou ; il limite les autres vins de France à 25 sous, à moins qu'ils ne soient si bons qu'on ne veuille en donner deux marcs et au-delà (1). Le fisc n'avait pas perdu un instant pour frapper des droits élevés sur une denrée qui semble prédestinée à supporter de lourdes taxes ; sur chaque chargement de vin importé, le roi prenait un tonneau devant le mât et un tonneau derrière, et ce droit portait le nom de *prisa*. En 1213, on trouve sur le compte des finances du roi Jean une somme de 517 livres 11 sh. pour achat de 348 tonneaux de vin dont 222 tonneaux vin de Gascogne, non compris 45 tonneaux de prise de la même provenance, ce qui indique l'arrivée de vingt-trois cargaisons (2). En 1209, Jean avait exempté de tout droit une partie de cent muids de vin que le roi de France envoyait en cadeau aux moines de l'église du Christ à Cambridge.

Henri III succède à Jean, et, sous son règne, en 1246,

(1) Johannes rex statuit quod nullum tonellum vini Pictavensis vendatur carius quam xx solidis, et nullum tonellum vini Andegavensis carius quam xxiv solidis, et nullum tonellum vini Franciæ carius quam pro xxv solidis, nisi vinum illud adeo bonum sit, quod aliquis velit pro eo dare circa duas marcas et altuis.

(*Annal. Monast. Burton*, p. 257.)

(2) On voit figurer sur ce compte 3 tonneaux vins de Saxe (ce qui signifie peut-être vins du Rhin), tous vins de prise ; la cour n'en achète point : indice du peu de cas qu'on en faisait. N'oublions pas 2 tonneaux vins d'Auxerre de prise et 14 tonneaux achetés. La célébrité des vins d'Auxerre, on le voit, est de vieille date ; on sait de quelle estime jouissent encore les produits des crûs qui ont été, jusqu'à la révolution, la propriété de l'évêché ; de tous ces vins d'une couleur brillante et prononcée, d'un bouquet charmant, le plus renommé était celui que donnait le clos de *Migraine*, liqueur vive et nerveuse dont les gourmets du dernier siècle ont tous parlé, et qu'un homme d'esprit a caractérisée avec justice en disant qu'elle descendait torrentueusement dans le gosier.

on voit figurer sur les comptes du chancelier de l'Echiquier, une somme de 404 livres pour 404 tonneaux *(dolia)* vin de Gascogne et d'Anjou, importés à Londres et à Sandwich, et une somme de 1,846 livres pour achat de 901 tonneaux vins de Gascogne et d'Anjou.

Ce monarque établit, sur l'entrée de tous les vins, un nouveau droit d'un denier sterling (1/240 de livre), et ce droit reçut la désignation de *gauge*. Depuis le jour de St-Michel 1272 jusqu'à la fête de St-Martin 1273, le produit de cette taxe fut de 36 liv. 17 sh. 2 d. C'est la preuve d'une importation de 8,846 tonneaux, indépendamment des vins adjugés au roi par le droit de *prise*, et exempts de la contribution de *gauge* (1).

En 1299, il arriva 73 navires portant chacun plus de 19 tonneaux de vin, et en 1300, 71. Un charte datée du 13 août 1302 exempte du droit de prise les marchands de l'Aquitaine. En 1290, le prix du vin avait été fixé à 3 den. le gallon et celui de la cervoise (bière) à 1 den. Il avait été défendu d'augmenter ces prix à l'occasion de la prochaine réunion du parlement.

En 1300, Edouard Ier demanda à la commune de Londres pourquoi on ne permettait pas aux marchands bordelais d'avoir un logement dans la ville où ils pussent

(1) En 1287 nous trouvons un acte passé entre le roi et les habitants de Clairac ; il stipule qu'il sera perçu, au profit de la couronne, sur chaque futaille ou tonneau de vin, amené de Clairac à Bordeaux, un droit de 5 sous 4 deniers tournois, équivalant à 6 sous 5 deniers, monnaie bordelaise. Un autre droit, connu sous le nom de *droit d'Yssat*, est fixé à la moitié du précédent, et le droit de Royan *(costuma de Royano)*, est établi à 2 deniers ; sur chaque 20 futailles de vin il en est admis une en franchise. C'est donc une somme de 8 sous 2 deniers que payait chaque futaille *(dolium)* de vin, somme qui représente, d'après le prix de marc actuel, près de 10 fr.

conduire leurs denrées ; pourquoi on exigeait d'eux un droit de *pontage* de 2 deniers par tonneau de vin. La réponse de la commune porte que les marchands bordelais, ainsi que tous les autres marchands étrangers, n'ont jamais le droit d'avoir un domicile dans la ville, et qu'il leur est seulement permis d'y déposer leurs vins dans des celliers pendant un certain temps déterminé par la coutume et qui ne saurait dépasser 40 jours. Quant au droit de pontage, il a été établi, en vertu d'une permission du roi lui-même, sur tous les vins qui passeraient sous le pont de Lôndres, afin de subvenir aux frais d'entretien et de réparation (1).

Un acte de 1302 nomme six dégustateurs jurés, chargés de vérifier si les vins sont corrompus, et leur enjoint, en ce cas, de les faire jeter.

En 1309, les querelles entre les marchands gascons et les habitans de Londres prennent un caractère d'animosité de plus en plus grave ; plusieurs individus sont tués de part et d'autre.

En 1311, ordonnance touchant la vente des vins, qui sont plus chers qu'ils ne l'avaient jamais été ; nul, si ce n'est le bouteillier du roi, ne doit aller au-devant des marchands pour leur acheter. Le fonctionnaire en question ne doit empléter que ce qui est nécessaire à la consommation du monarque ; divers réglements de la même époque stipulent qu'aucun tavernier ne pourra mettre son

(1) Nous devons ce renseignement et plusieurs de ceux qui suivent à l'obligeance de M. Jules Delpit, chargé par M. le Ministre de l'Instruction publique d'une mission scientifique en Angleterre; cet érudit, aussi laborieux que modeste, a rapporté de ses infatigables investigations dans les archives britanniques, une foule de renseignements sur l'histoire de l'Aquitaine au moyen âge. Espérons qne le public jouira bientôt du fruit de tant de travaux.

vin en vente avant qu'il n'ait été inspecté par les dégustateurs, marqué des deux bouts, et la valeur indiquée; le meilleur vin est taxé 5 deniers le gallon, et deux qualités secondaires à 4 et 3 deniers.

En 1365, il est permis à trois taverniers seulement de se livrer à la vente des vins doux.

En 1342, le vin de Gascogne est taxé 4 deniers, et le vin du Rhin (Rhenis) à 6 deniers. Défense de mettre dans le même cellier, sous peine de confiscation, des vins d'origine différente.

En 1352, cette même évaluation est portée à 6 et à 8 deniers.

Edouard III, durant les nombreuses années qu'il porta la couronne, rendit diverses ordonnances au sujet du commerce des vins. En 1354 il défendit, sous des peines sévères, à tout Anglais d'aller en Guienne acheter directement des vins (1) mais, en 1370, cette prohibition fut modifiée à la requête du Prince Noir. En 1372, au dire de Froissard, on vit arriver à Bordeaux une flotte de 200 bâtiments anglais qui vinrent charger des vins.

Nous ne suivrons pas ce commerce dans toutes ses vicissitudes durant le moyen âge; au 15me siècle, les vins de Guienne avaient souffert en Angleterre des caprices de la mode qui prit sous sa protection les vins doux de Canarie et d'Espagne. Richard III prescrivit de n'importer des vins qu'en pièces (*butts*) de 126 gallons (572 litres); cette loi était faite pour empêcher la fraude commise au détriment du fisc, et il est de fait que des futailles de cette dimension ne pouvaient guère échapper à l'œil de la doua-

(1) L'édit enjoint que tout contrevenant *soit pris et aresté par le Séneschal de Gascoigne, en la conestablie de Burdeux, et le corps mandé en Engleterre à la Tour de Londres.*

ne. En 1504, au festin de l'installation de l'archevêque Warham, on voit figurer 6 tonneaux de *claret* au prix de 73 shellings 4 den. Sous Henri VIII, en 1532, il est fait défense de vendre des vins de Gascogne au dessus de 8 pences le gallon (à 25 fr. la livre st. ce prix correspond à 30 c. le litre). Deux ans plus tard, nous trouvons une pétition des marchands de vins qui réclament contre cette ordonnance, en exposant qu'ils ne peuvent avoir de bons vins de Gascogne sans les payer 7 à 8 livres sterling par tonneau.

Au seizième siècle, l'Angleterre s'attache de plus en plus aux vins d'Espagne et de Grèce, au détriment des crûs de l'Aquitaine. Edouard VI défend qu'il y ait dans une ville plus de deux tavernes pour la vente au détail des vins, excepté à Londres où il en autorise 40, et à Bristol qui en conserve 6. La consommation des vins était alors fort considérable parmi les classes privilégiées de la société. Il fallait 80 tonneaux de claret par an, à la maison d'Henry Bowet, archevêque d'Yorck, mort en 1467, et, au banquet d'intronisation de son successeur, G. Nevil, il se vida cent pièces de la purée septembrale. Dans la maison du duc de Northumberland, réglée avec une sévère économie, il se consommait par an 42 barriques vin de Guienne, (dont 10 barriques vin blanc) du prix de 43 à 49 shellings le tonneau.

En 1633, une ordonnance de Charles Ier enjoint de ne pas vendre les meilleurs vins de Gascogne au delà de 18 livres st. le tonneau et de 6 d. le quart au détail. Les vins de la Rochelle et autres sortes inférieures sont limités à 15 livres. En 1672, Charles II borne à 16 deniers le prix au détail des vins d'Aquitaine, et huit ans plus tard, une autre loi, la dernière de ce genre, élève cette limite jusqu'à 24 deniers.

Les vins de Bordeaux trouvaient en Angleterre un débouché considérable, lorsque l'accession au trône de la maison d'Orange vint changer la politique britannique ; la guerre à coups de tarifs se joignit à la guerre à coups de canon. Les écrits du temps montrent que les importations de vins de France furent soudain suspendues (1) et l'on se rejeta sur les vins de Porto dont aucun palais britannique n'avait goûté avant 1690. Le fameux traité de Méthuen, signé en 1703, assura, pour plus d'un siècle, l'approvisionnement des marchés anglais aux produits des vignobles du Douro, à l'exclusion des crûs de la Guienne.

Nous ne possédons point, sur les expéditions dirigées vers les Pays-Bas et vers le nord de l'Europe, des renseignements aussi étendus qu'à l'égard de l'Angleterre, mais il est avéré que, dès le quinzième siècle, plusieurs de nos crûs jouissaient d'une haute réputation.

En 1535, Rabelais faisait mention très-honorable du vin de Grave et du vin Clémentin, c'est-à-dire des vignobles de Pessac qui portent encore le nom du pape Clément V (2).

Le Médoc était alors un désert couvert de bois et complètement improductif; l'ami de Montaigne, Étienne de la Boëtie, publiait, en 1593, à Bordeaux, un opuscule intitulé : *Historique description du sauvage et solitaire pays de Médoc :* malheureusement ce livret, qu'il serait curieux de relire, paraît entièrement perdu ; les recher-

(1) C'est ce qu'atteste une pièce de vers composée en 1691, et portant le titre trop significatif d'*Adieu au vin (Farewell to wine) :*

« Some Claret, boy ! — Indeed, sir, we have none.
« Claret, sir — Lord ! there's not a drop in town. »

(2) Elu en 1305, ce pontife mourut en 1314.

ches les plus actives n'en ont fait retrouver nulle part un seul exemplaire.

Dans leurs remontrances au roi Louis XIII, les États-Généraux de 1626 s'exprimaient en ces termes : « Il y a trente ans ou environ que le tonneau de vin valait 60 ou 80 écus à Bordeaux ; les Anglais, les Écossais, les Hollandais, l'enlevaient tout à ce prix-là ; maintenant il ne vaut plus que 15 à 16 écus. »

Le dix-septième siècle présente une multitude d'arrêts et d'édits de la Jurade et du Parlement relatifs au commerce des vins ; nous ne citerons qu'une seule de ces dispositions. En 1683, le Parlement, renouvelant ses arrêts de 1612, 1616 et 1619, défend de couper, mêler, transvaser ni falsifier en façon quelconque, les vins, à peine de 10,000 livres d'amende, de la confiscation des vins, de déchéance du droit de bourgeoisie et de punition corporelle si le cas y échoit.

Durant le dix-huitième siècle, les expéditions de vins de Bordeaux pour les divers pays de l'Europe offraient une grande supériorité sur ce qu'elles sont à présent.

L'exportation était alors rigoureusement constatée, non que l'on s'occupât, comme aujourd'hui, de travaux statistiques, mais parce qu'un droit considérable frappait les vins à la sortie, et ce droit variait de 18 à 50 livres par tonneau (1).

Les registres des fermes ont constaté quel était le mouvement des envois de notre port, et le relevé que nous en avons fait s'accorde avec ce qu'a mentionné la Chambre de Commerce de Bordeaux, dans son mémoire sur l'union

(1) Voir le Dictionnaire de Commerce de Savery, 1748, I. 39, et la brochure de G. Brunet, *sur la Consommation des vins de France en Angleterre*, 1843, p. 21.

douanière belge (1), d'après les états que renferment ses archives.

Entrons dans quelques détails.

Bordeaux, sous le règne de Louis XV et sous celui de Louis XVI, envoyait à la Hollande 25 à 35,000 tonneaux de vin par an. Cette quantité était souvent dépassée; en 1724, par exemple, les expéditions furent de 40,359 tonneaux; en 1729, de 40,671; en 1737, de 36,714; en 1759, de 39,038; en 1760, de 39,995.

Il fallait de bien mauvaises récoltes, des circonstances désastreuses, pour faire tomber l'exportation pour la Hollande au-dessous de 20,000 tonneaux. Pendant une série de près de quatre-vingts années que nous avons examinées, nous avons noté comme les trois plus mauvaises: 1741, 11,761 tonneaux; 1778, 14,388 tonneaux; 1750, 15,008 tonneaux.

Dans le cours du dix-huitième siècle, il partait habituellement de Bordeaux 1,500 à 1,800 tonneaux de vin pour la Suède; à partir de 1734, date où commencent les renseignements que nous avons recueillis, nous ne trouvons que cinq ou six années qui soient restées au-dessous de 1,000 tonneaux (911 tonneaux en 1752, 974 en 1755, 962 en 1763). Maintes et maintes fois, le chiffre de 2,000 tonneaux s'est trouvé dépassé (2,224 tonneaux en 1742, 2,599 en 1743, 2,043 en 1747, 3,745 en 1760, 2,229 en 1761, 2,526 en 1762, 2,461 en 1765, 2,941 en 1766, 3,799 en 1767, 2,276 en 1768, 2,339 en 1769).

Les expéditions pour le Danemarck étaient supérieures à celles pour la Suède. Elles roulaient d'ordinaire de 1,000

(1) *Bordeaux*, 1843, in-4°, pag. 180.

à 3,000 tonneaux, et, dans une période de 65 ans, nous les voyons vingt-deux fois s'élever au-delà de ce chiffre de 3,000 (3,470 tonneaux en 1742, 3,822 en 1743, 4,532 en 1745, 5,620 en 1753, 4,405 en 1757, 4,606 en 1758, 5,762 en 1761, 5,382 en 1763, 4,431 en 1765, etc.)

Pour la Prusse, la Pologne et les villes Anséatiques, on expédiait alors, année commune, 20,000 tonneaux de vin par an (22,086 en 1776, 20,129 en 1777, 21,419 en 1779). Souvent on allait bien au-delà ; en voici quelques exemples : En 1758, 24,617 tonneaux ; en 1760, 25,619 ; en 1770, 26.253 ; 31,724 en 1767. On arriva jusqu'à 36,796 tonneaux en 1761, jusqu'à 37,468 en 1765. Les expéditions de 1766, plus élevées, il est vrai, que de coutume, atteignirent même 47,832 tonneaux.

La Russie, encore dans un état voisin de la barbarie, offrait toutefois à nos vins un débouché plus important que celui qu'elle nous présente après tous les progrès qu'elle a faits dans l'opulence et dans les raffinements de la civilisatisn. Sujettes à de brusques fluctations, dont les causes nous échappent, les expéditions bordelaises pour les états du Czar avaient atteint, de 1770 à 1774, un développement dont voici l'expression : 1770, 5,512 tonneaux ; 1771, 7,307 ; 1772, 6,768 ; 1773, 6,712 ; 1774, 3,882 tonneaux.

Nos vins n'eurent long-temps à acquitter en Russie que des droits modérés ; le *Dictionnaire de commerce* de Savary nous apprend que cette taxe était de cinq pour cent sur la valeur. Le traité de commerce, signé en 1787, fixa les droits à 15 roubles argent par barrique par bâtiment étranger, et 12 roubles par navire russe ou français. A 4 francs le rouble, c'était 192 fr. par tonneau.

Quant à l'Angleterre, pays qui devrait, en raison de son opulence et de l'étendue de ses consommations en tout genre ouvrir à nos vins des débouchés bien précieux, mais que des tarifs hostiles ont toujours fermés, nous renverrons pour des détails trop spéciaux et trop étendus pour trouver place ici, à une brochure de M. Gustave Brunet, secrétaire général du comité vinicole de la Gironde (1).

Nous reproduirons toutefois un document curieux que nous empruntons à un ouvrage fort estimé *(History of ancient and modern wines*, by Henderson, 1824, 4°) et que nous complétons; il offre le tableau des importations de vins de France en Angleterre durant une période de près de 100 ans.

1697	2 tx.	1715	1260 tx.	1733	840 tx.	1751	461 tx.
8	272	16	1570	4	780	2	407
9	248	17	1396	5	667	3	623
1700	664	18	1798	6	528	4	559
1	2051	19	1766	7	633	5	650
2	1624	1720	1366	8	471	6	554
3	139	1	1247	9	607	7	350
4	198	2	1424	1740	856	8	274
5	168	3	1037	1	165	9	338
6	158	4	1147	2	435	1760	377
7	103	5	1087	3	310	1	546
8	167	6	633	4	557	2	303
9	238	7	1085	5	140	3	441
1710	113	8	1105	6	86	4	446
11	532	9	894	7	206	5	540
12	116	1730	636	8	414	6	497
13	2551	1	1007	9	464	7	545
14	1198	2	865	1750	418	8	441

(1) *De la consommation des vins de France en Angleterre*, 1843, in-8°, chez Chaumas-Gayet.

1769	460 tx.	1775	497 tx.	1781	378 tx.	1787	2127 tx.
1770	468	6	434	2	456	8	1445
1	535	7	602	3	370	9	1114
2	475	8	5 5	4	385	1790	1101
3	494	9	363	5	391	1	1137
4	560	1780	376	6	475	2	1617

En 1669, il se consommait en Angleterre 20,000 tonneaux vins de France ; les droits étaient peu élevés ; en 1693, pour la première fois, nos vins furent frappés d'une surtaxe de 8 livres sterling par tonneau, surtaxe élevée à 25 liv. en 1697.

Les droits sur les vins de France, doubles ou triples de ceux prélevés sur les produits de l'Espagne et du Portugal, ont subi de nombreux changements ; ils furent fixés :

en 1697 à	4 sh.	» d.	1/2	en 1786 à	4 sh.	» d.	1/2
1707	4	»	1/2	1795	6	4	»
1745	5	»	1/2	1796	8	9	1/2
1763	5	7	1/2	1803	10	5	1/2
1778	9	3	1/2	1804	11	5	1/2
1779	6	8	»	1805	13	9	»
1780	7	3	1/2	1825	7	2	»
1782	7	10	»	1831	5	6	»

Le gallon égale 4 litres 454 millièmes. En calculant la livre sterling au change de 25 fr., on trouve que le droit de 5 sh. 6 den. équivaut à 1,380 fr. par tonneau. Lorsque précédemment il était de 7 sh. 2 et de 13 sh. 9, il correspondait à 1,851 et à 3,520 fr. par tonneau.

En présence d'une taxe aussi énorme, on ne peut s'étonner si la consommation britannique, en fait de vins de France, est restée à 433 tonneaux (moyenne de 1805 à 1814) et à 745 tonn. (moyenne de 1815 à 1819).

Grâce au dégrèvement, elle s'est augmentée d'une manière remarquable, bien qu'elle reste fort au-dessous du chiffre qu'on devrait en attendre. Elle a été, d'après les renseignements publiés par ordre du parlement :

en 1840	de 362,716 gallons,	soit 1,646,731 litres.
1841	376,360	1,708,674
1842	382,417	1,736,173

Le marché anglais étant d'une haute importance pour notre département, puisque c'est lui qui emploie les plus précieux de nos vins, nous croyons que ces détails ne paraîtront point former une digression inexcusable.

Il nous reste d'ailleurs peu de chose à dire sur ce qu'étaient les exportations avant la révolution. Pour les colonies françaises, les expéditions variaient sensiblement suivant l'état de guerre ou de paix. En 1736, elles avaient été de 11,098, et en 1737 de 9,089 tonneaux ; en 1741, elles arrivent à 17,516, et en 1749 à 10,368 tonn. Durant la guerre de sept ans, elles flottent autour de 2,000 ; acquérant ensuite une nouvelle vigueur, elles s'élèvent à 32,421 en 1767 ; à 37,789 en 1768 ; à 27,632 en 1770 ; 22,677 en 1772 ; 20,035 en 1779.

Durant le peu d'années qui s'écoulèrent entre la paix de 1783 et la Révolution, lorsque le mouvement commercial de Bordeaux atteignit son apogée, les exportations de vins montèrent jusqu'à 100,000 tonneaux ; en 1789, d'après un document transmis au gouvernement, le 10 frimaire an 8, par le bureau consultatif du commerce de Bordeaux, elle fut de : 30,000 tonneaux estimés 350 francs, pour les colonies, la côte d'Afrique, les pays au-delà du cap de Bonne-Espérance ;

50,000 tonneaux petits vins blancs, pour les Pays-Bas et le Nord (1) à 200 fr. ;

(1) A cette époque, la Hollande tirait de Bordeaux, année moyenne,

2,000 tonneaux vins fins pour l'Angleterre et l'Irlande, à 1,500 fr.

8,000 tonneaux vins rouges pour le Nord, à 350 fr.

Il faut compter de plus 30,000 tonneaux expédiés dans les divers ports du royaume.

Nota. Il nous faut revenir sur ce que nous disions des expéditions de vins pour l'Angleterre; nous ferons remarquer que les chiffres indiqués pages 214 et 215 ne comprennent pas les envois de la France pour l'Irlande. Chacun sait que Bordeaux avait autrefois avec cette malheureuse contrée des rapports fort actifs, aujourd'hui détruits. Voici quelles y ont été, durant cinquante ans, les importations de vins d'après les tableaux statistiques que M. César Moreau, consul de France à Londres, a publiés en 1827 :

	Vins de toutes provenances.	*Vins de France.*
1771-1780	48,031 tonneaux	27,802 tonneaux.
1781-1790	46,831 »	20,883 »
1791-1800	65,615 »	11,605 »
1802-1811	69,427 »	4,876 »
1812-1821	32,231 »	2,960 »

Remarquez que durant long-temps, les vins supportaient en Irlande des droits bien moins élevés qu'en Angleterre et en Écosse; cette différence était en 1802 de 4 shellings par gallon (1 fr. 12 par litre), sur les vins de France et de 2 sh. 8 d. (76 cent. par litre) sur ceux d'autre provenance. En 1822, elle n'était plus que de 9 deniers (19 centimes) sur les vins de France et de 5 1/2 sur les autres.

Ainsi de 1771 à 1780, l'Irlande *seule* reçut de la France une masse de vins presque double de celle que la France

20,000 tonneaux de vin et 10 ou 12,000 pièces d'eau-de-vie (Peuchet, *Dict. de géogr. commerçante.*)

fournit maintenant à l'Angleterre, à l'Écosse et à l'Irlande *réunies*.

CHAPITRE XV.

DES EXPÉDITIONS DE VIN DE LA GIRONDE
DEPUIS LA RÉVOLUTION.

Une guerre universelle, un bouleversement complet dans les fortunes arrêta le placement de nos vins ; lorsque l'anarchie se fut dissipée, lorsque, dès 1795, quelques relations se furent de nouveau établies avec l'Allemagne et les Pays-Bas, il se fit, par la voie des neutres, des expéditions assez fortes, dont il serait mal-aisé de connaître aujourd'hui les chiffres exacts devenus d'ailleurs sans intérêt. Les Américains enlevaient aussi d'assez fortes parties de vins ; c'était par leur intermédiaire que la Grande-Bretagne recevait encore quelque faible approvisionnement.

La paix d'Amiens rendit au commerce avec le Nord une activité nouvelle.

Les expéditions, durant deux années, en comptant du 20 septembre 1802 au 20 septembre 1804, offrirent un total de 90,570 tonneaux de vins. Donnons-en le détail :

	1803.		1804.	
Hollande............	12,365 tx. rouge	512 blanc	2,851 tx. r.	262 b.
Oldembourg..	510	407	1,198	706
Villes Anséatiques..	6,623	12,945	4,941	13,260
Prusse...............	2,154	6,995	2,008	7,533
Danemarck..........	2,017	738	2,869	993
Norwège.......,.....	504	205	508	147
Suède...............	330	134	809	260
Russie...............	1,220	1,637	1,682	1,231
Total..........	25,727	23,579	16,870	24,396

Cet instant de prospérité fut peu durable ; bientôt de nouvelles guerres avec les puissances du Nord et le blocus continental vinrent paralyser les expéditions ; plus tard, toutes nos colonies furent conquises ; les Américains entrèrent en lutte avec les Anglais ; le commerce ne trouva plus à employer un seul pavillon neutre. A la chûte de l'Empire, les vins ne pouvaient atteindre aucun marché étranger ; le cabotage était presque impossible, les propriétés de vignobles étaient tombées à vil prix.

1814 ouvrit une ère nouvelle : sa récolte fut enlevée à des prix fort élevés, et, malgré la guerre qui troubla l'Europe en **1815**, les expéditions de cette année s'élevèrent à un chiffre qu'elles n'ont jamais atteint depuis ; il est resté de **7,450** tonneaux au-dessus de celui qu'offre **1821**, l'année la plus favorisée sous ce rapport dans la période des 29 années dont nous donnons ci-après le relevé d'après les documents officiels :

1815	69,862 tx.	1825	42,965 tx.	1835	46,765 tx.
16	45,201	26	45,477	36	39,698
17	21,244	27	50,494	37	38,138
18	55,117	28	49,931	38	46,857
19	53,026	29	45,615	39	37,024
20	60,307	30	28,498	40	49,825
21	62,412	31	24,784	41	51,739
22	39,428	32	52,870	42	48,544
23	47,768	33	56,629	43	46,376
24	36,954	34	54,295		

On peut donc, sous le rapport de la masse des exportations, ranger ces diverses années de la façon suivante :

Au-dessus de 60,000 tx. 1815, 1821, 1820.
De 50 à 60,000........... 1833, 1818, 1834, 1819, 1832, 1841, 1827.
De 40 à 50,000........... 1828, 1840, 1842, 1823, 1838, 1835, 1843, 1829, 1826, 1816, 1825

De 30 à 40,000........... 1836, 1822, 1837, 1839, 1824.
Au-dessous de 30,000... 1830, 1831, 1817.

Il serait trop long de donner ici, année par année, l'indication du nombre de tonneaux expédiés pour telle ou telle destination ; nous nous bornerons aux principales en spécifiant ce qui concerne, pour les vins en cercles, les quatre dernières années, objet des publications de l'administration des douanes.

	1840.	1841.	1842.	1843.
	—	—	—	—
Russie..................	2,852 tx.	1,618	2,008	1,772
Danemarck............	1,125	1,152	764	759
Suède et Norwége.....	546	773	720	786
Prusse et Allemagne..	3,191	3,502	4,374	3,561
Villes Anséatiques.....	13,803	12,833	9,921	8,459
Hollande...............	6,233	5,616	5,203	2,743
Belgique...............	5,145	5,580	4,612	5,881
Angleterre.............	1,151	1,049	1,003	904
États-Unis..............	3,725	6,145	3,523	4,129
Colonies françaises....	4,858	6,568	5,447	4,346
Maurice.................	4,211	3,471	3,646	4,075

Ce n'est point ici le lieu de développer les causes diverses qui réduisent les exportations des vins de la Gironde à un chiffre fort inférieur à celui qu'elles devaient offrir ; bornons-nous à dire que la funeste élévation des droits qui frappent presque partout les produits de nos vignobles, est l'obstacle qui force à rétrograder une des branches les plus considérables du commerce français, tandis qu'il s'est manifesté, depuis trente ans, une augmentation des plus notables à la sortie d'une foule d'autres articles.

Voici ce qu'offre, à dix-huit ans d'intervalle, la comparaison des valeurs de quelques-uns des articles qui alimentent le plus les échanges de la France avec l'étranger.

Tissus de soie.....	1825	122 millions.	1843	120 millions.
» de coton...	»	42 »	»	82 »
» de laine...	»	37 »	»	79 »
Garance............	»	6 »	»	12 »

Sur les spiritueux, diminution encore plus forte que sur les vins ; il en est sorti pour 21,729,000 fr. en 1825, et pour 13,809,000 en 1843.

Les droits sur nos vins sont, en Russie, de 48 roubles argent (192 francs) par barrique ; en Suède, de 91 fr. par barrique ; en Prusse, de 8 thalers par quintal (soit 78 fr. par barrique à peu près) ; en Angleterre (nous l'avons déjà dit), 5 sh. 9 d. par gallon (1,422 fr. 70 c. par tonneau de 912 litres ; avant 1825, 13 sh. 9 d. (3,520 fr. 30 c. le tonneau) et de 1825 à 1831, 7 sh. 2 d. (1,851 francs 35 c.)

Aux Etats-Unis, le droit de 6 cents par gallon équivaut à 70 fr. le tonneau. Les tarifs en vigueur à la Havane imposent 49 fr. par barrique sur les vins importés par bâtiment autre qu'Espagnol.

Au Brésil, les vins de Bordeaux en futailles paient 280 rées par canada pour les qualités supérieures, et 200 rées pour les autres sortes ; en bouteilles, 600 rées. Au change de 300 rées pour un franc et le canada égalant 1 litre 395, ces taxes équivalent à 65 c., 47 c., et 1 fr. 46 c. par litre.

En Hollande les vins ont obtenu, par suite du traité conclu en 1842, le plus illusoire des dégrèvements, puisqu'il a porté sur les droits de douane qui étaient déjà presque nuls, tandis que les autres taxes ont été maintenues ; un tonneau de vin paie à Amsterdam :

10 c. par hect. droit de douane, et 13 pour °/₀......	1 fl. 09
11 flor. 25 par hectol. droit d'accise, syndicat 13 pour °/₀, timbre 10 pour °/₀.	151 » 38
10 flor. par hectol. octroi municipal, timbre 10 pour °/₀.	87 » 42
Total.	239 fl. 90

Au change de 1 fr. 10 c. par florin, 505 fr.

En Belgique, les droits de douanes sont insignifiants, mais les droits d'accise perçus au profit du Gouvernement, et les droits d'octroi encaissés par les administrations municipales varient, dans les villes principales, de 40 à 56 fr. l'hectolitre.

Ces entraves paralysent d'une manière funeste la navigation entre notre ville et les puissances du Nord, ainsi que le constate le relevé du nombre des bâtiments sortis de notre rade.

	1843.		1842.		1841.	
Russie........	22 nav.	3,330 tx.	25 nav.	3,486 tx.	20 nav.	2,764 tx.
Suède.........	5	629	4	516	5	575
Norwège.....	12	2,038	25	4,358	16	2,219
Danemarck..	17	2,297	19	3,242	19	2,724
Prusse......, Hanovre...., Mecklembourg.	33	5,220	43	8,155	27	4,987
Villes Anséatiques......	61	9,136	68	9,808	88	12,349
Pays-Bas.....	25	2,873	38	4,159	57	6,072
Belgique.....	48	5,527	42	5,035	52	5,205

L'importance de ces expéditions, déjà trop restreintes, diminue encore lorsqu'on observe qu'une partie d'entr'elles s'opèrent sur lest ; en effet, le nombre des bâtiments dirigés sans chargements vers les destinations ci-dessus a été :

En 1841	de 12	nav.	2,555 tx.
1842	26		6,556
1843	13		2,908

Nous avons relevé, d'après les publications de la Douane, le nombre des navires français ou étrangers venus des ports du Nord ou des Pays-Bas, avec ou sans chargement, et nous y avons trouvé une nouvelle preuve du ralentissement des affaires à Bordeaux :

1836	310 navires	1840	282 navires.
37	393	41	217
38	234	42	252
39	194	43	184

Les publications de l'administration des Douanes nous mettent aussi à même de dresser, pour une période de vingt ans, le relevé des exportations de vins de Bordeaux en bouteilles :

1823	28,104	1830	17,024	1837	26,758 hectol.
24	19,441	31	18,809	38	33,633
25	24,629	32	27,909	39	34,026
26	28,184	33	24,877	1840	28,555
27	27,362	34	24,140	41	27,062
28	34,491	35	32,685	42	23,833
29	28,053	36	39,408	43	21,579

Voici ce qui concerne, pour les quatre dernières années de nous connues, les destinations principales :

	1840.	1841.	1842.	1843.
Russie.	529 h.	408 h.	663 h.	560 h.
Association Allemande. .	173	120	156	183
Pays-Bas.	242	177	217	271
Belgique.	434	431	357	523

	1840.	1841.	1842.	1843.
	—	—	—	—
Villes Anséatiques. . . .	437	715	260	424
Angleterre.	3,873	4,031	3,882	3,397
Indes Anglaises. . . .	2,647	3,602	2,962	2,424
Maurice.	1,162	641	463	667
États-Unis.	6,106	6,641	2,521	1,180
Cuba et Porto-Rico. . .	656	724	1,305	749
Mexique.	1,818	1,841	1,830	2,825
Colonies françaises. . . .	1,467	2,772	1,562	1,631

Après avoir donné séparément les chiffres de l'exportation pour les vins en cercles et pour ceux en bouteilles, nous en ferons connaître le montant réuni durant une période de trente années, et nous placerons les exportations totales de la France en regard de celles de la Gironde.

	Exportations totales de la France.	*Exportations de la Gironde.*
1815	1,345,000 hectol.	664,000 hectol.
16	1,151,000	429,000
17	619,000	207,000
18	974,000	519,000
19	1,183,000	498,000
1820	1,195,000	568,000
21	1,007,000	596,000
22	1,035,000	369,000
23	1,227.000	463,000
24	906,000	356,000
25	1,053,000	416,000
26	1,190,000	443,000
27	1,070,000	488,000
28	1,244,000	490,000
29	1,114,000	448,000
1830	874,000	286,000
31	805,000	245,000
32	1,307,000	510,000
33	1,337,000	541,000

	Exportations totales de la France.	*Exportations de la Gironde.*
1834	1,393,000 hectol.	519,000 hectol.
35	1,300,000	459,000
36	1,305,000	401,000
37	1,114,000	374,000
38	1,454,000	461,000
39	1,193,000	371,000
1840	1,333,000	481,000
41	1,478,000	502,000
42	1,367,000	466,000
43	1,449,000	444,000

Ainsi, dans la période triennale 1815-17, les vins de la Gironde entrèrent pour 41 pour °/₀ sur le total des exportations des vins de France ; cette proportion fut la même pour la période 1827-29, mais elle est descendue à 32 pour °/₀ en 1841-43, par suite du développement des envois de la Provence pour l'Algérie.

Les tableaux placés à la fin du volume indiqueront, pour chaque destination, le mouvement des expéditions depuis vingt ans ; nous n'avons pas cru devoir accorder mention spéciale à des pays qui, tels que la Cochinchine, les Philippines, le Texas, n'ont reçu que des quantités complètement insignifiantes.

Nous avons calculé, par périodes quinquennales, le montant des envois pour les points les plus importants, et nous plaçons ici ce tableau comparatif qui fixera sans doute les regards des personnes qu'intéressent le commerce des vins et le bien-être de la prospérité girondine. On suivra ainsi d'un coup d'œil l'état de ralentissement, de progrès ou d'immobilité de nos expéditions. Des années isolées n'offrent que des points insuffisants de comparaison, mais dans les résultats d'une série d'années, on voit des indices certains de l'état des affaires.

	Moyenne annuelle de 1825-29,	1830-34,	1835-39,	1840-44,
	—	—	—	—
Russie.	22,235h.	20,724	21,396	18,723
Suède et Norwège.	6,840	5,379	7,620	6,061
Danemarck..	10,943	10,191	7,483	8,088
Association Allemande. . } Hanovre. . . . . } Mecklembourg. . . . . . }	26,604	38,904	33,690	27,688
Villes Anséatiques.	126,434	141,076	84,896	96,818
Angleterre.	21,234	12,618	12,657	14,039
Pays-Bas et Belgique. . .	112,411	61,201	49,083	40,405
Etats-Unis.	17,112	22,652	52,520	45,791
Maurice.			19,562	37,948
Indes-Anglaises.	8,185	4,763	4,456	4,026
Mexique.	5,406	3,732	3,434	3,541
Brésil.	3,017	3,608	4,333	4,859
Guadeloupe et Martinique.	22,560	11,875	14,426	14,282
Bourbon.	12,573	11,063	15,003	23,002

Ce tableau pourrait donner lieu à de nombreuses réflexions ; nous n'en ferons qu'une seule ; l'augmentation qu'on remarque sur les envois aux États-Unis, durant les deux dernières périodes, démontre les heureux effets d'un dégrèvement. Avant 1832, les droits sur les vins, dans les ports américains, ressortaient à 42 fr. l'hectol., sur les vins en bouteilles, à 14 fr. sur les vins rouges, et à 21 fr. sur les blancs en futailles. Diminués le 1er février 1832, ils furent abaissés, le 3 mars 1834, à 15, 7 et 4 fr. La consommation tripla rapidement.

Après avoir fait connaître les quantités de vins exportées, il faut jeter un coup d'œil sur les points de comparaison qu'offre l'examen de cette branche de commerce, sous le rapport des valeurs.

L'Administration des Douanes estime les vins en cercles, partant de Bordeaux, d'après la destination; pour l'Angleterre, 3 fr. 30 c. le litre; les Pays-Bas et la Belgique, 65 c.; la Suède, la Norwège et l'Union-Allemande, 55 c.; la Russie, 44 c.; les villes Anséatiques et le Meklembourg, 27 c.; les pays au-delà du Cap de Bonne-Espérance, 38 c.; l'Amérique, 33 c.; les vins en bouteilles, 2 fr. le litre; vins d'ailleurs que de la Gironde, 20 c. en cercles, 1 fr. en bouteilles; vin de liqueur, 1 fr. 50 c. le litre, en bouteilles comme en cercle.

Ces chiffres ne représentent point ce qui échappe à tout calcul rigoureux, c'est-à-dire la valeur réelle des expéditions, mais ils offrent un moyen de comparaison entre le mouvement des années successives.

Nous nous bornerons à quatre années pour l'indication des valeurs de la Douane.

	Exportations totales de la France.	*Exportations de la Gironde.*
1840	49,309,008 fr.	26,469,835 fr.
1841	54,577,342	27,146,268
1842	48,050,401	24,684,261
1843	47,807,718	22,547,322

Les entraves accumulées contre le placement des vins à l'étranger a complètement paralysé les développements de cette branche importante du commerce national; elle n'a pris aucune part à l'essor imprimé au placement des produits de l'industrie.

En effet, les valeurs ci-dessus indiquées sont à peu près les mêmes que celles qui s'offrent à la suite d'une bonne récolte, depuis le rétablissement de la paix.

1815	45,473,000	1828	48,148,000
1820	47,817,000	1834	49,961,000
1825	44,467,000	1836	47,426,000

Et cependant, depuis 15 ans, l'Algérie est venue offrir aux vins de France un débouché important auquel Bordeaux reste d'ailleurs étranger ; l'Afrique française reçoit maintenant plus de 320,000 hectol. dans une année.

Après avoir retracé ce qui a rapport à l'exportation, il nous reste à envisager les expéditions de la Gironde dirigées, par la voie du cabotage, sur les divers ports du royaume.

L'administration des Douanes énonce, dans ses relevés officiels, les quantités par quintaux métriques; en calculant à raison de 10 quintaux métriques au tonneau, nous voyons qu'il a été expédié :

	Bordeaux.	Blaye.	Libourne.
En 1838	81,146 tx.	15,716 tx.	12,447 tx.
1839	76,512	7,544	13,791
1840	71,890	11,079	16,542
1841	77,827	12,352	14,726
1842	65,464	9,186	17,186
1843	89,832	13,142	14,408

Quant à la manière dont se sont réparties ces expéditions, les tableaux de l'administration n'entrent pas dans des explications assez précises pour que nous puissions dresser un état détaillé des destinations des 464,000 tonneaux transportés pendant six ans, par cabotage, hors de notre département; mais ils spécifient ce que chaque port a reçu de vin, et c'est de la Gironde qu'arrive la majeure partie de ce qui se débarque, en ce genre, dans les diverses rades de l'Océan; aussi, le tableau suivant ne paraîtra-t-il pas dépourvu d'intérêt.

	1838.	1839.	1840.	1841.	1842.	1843.
	—	—	—	—	—	—
Dunkerque......	6,950 tx.	5,690	6,210	6,140	6,550	6,110
Calais...........	3,101	283	403	405	228	267

	1838.	1839.	1840.	1841,	1842.	1843.
	—	—	—	—	—	—
Boulogne........	890 lx.	545	679	587	504	458
Abeville..........	1,799	3,470	1,990	1,830	1,890	780
Saint-Valery....	174	85	237	254	348	260
Rouen............	61,630	57,090	46,020	61,390	68,320	78,540
Le Havre........	8,230	10,830	10,060	10,010	6,910	6,980
Caën..............	2,180	1,970	2,130	2,010	1,210	2,350
Cherbourg.......	727	945	1,175	937	478	421
Granville.......	1,068	1,648	993	611	858	727
Saint-Malo......	1,055	890	673	838	680	1,301
Morlaix..........	1,261	1,008	1,256	910	1,388	1,271
Brest	4,460	5,340	5,960	7,240	7,620	5,610
Lorient	1,283	1,286	1,877	1,424	1,607	1,724
Redon............	2,928	2,718	2,506	1,787	2,468	2,010

Des droits multipliés, exorbitants, funestes, frappent les vins aux barrières de presque toutes les grandes villes, de celles surtout placées au nord de la Loire ; droits au profit du trésor, droits d'octroi, surtaxes, rien n'a été omis pour élever le chiffre de ces charges à un taux à peu près prohibitif.

Un honorable député de la Gironde a consacré les efforts d'un zèle infatigable et éclairé à la défense des intérêts de l'industrie vinicole ; M. le marquis de La Grange a mis au grand jour les abus de ces déplorabes douanes intérieures ; il a débrouillé dans plusieurs écrits remarquables, le chaos de leur législation vexatoire et incohérente.

Nous nous bornerons à répéter ici, qu'en réunissant les diverses taxes établies sur les vins, on trouve qu'elles sont, par hectolitre, de 20 fr. 35 à Paris, de 20 fr. à Valenciennes, de 18 fr. à Douay et à Armentières, de 16 fr. à Maubeuge, de 14 fr. à Cambray, de 12 fr. à Saint-Quentin, etc.

Ailleurs les droits sont moins écrasants; 8 fr. 40 à Grenoble, 4 fr. 80 à Marseille, 3 fr. 90 à Besançon, 3 fr. 70 à Toulouse, 3 fr. 60 à Montpellier, 3 fr. 40 à Nîmes, 2 fr. 64 à Bordeaux.

A Narbonne les vins ont été affranchis de tous droits.

Nous avons sous les yeux les relevés des produits de l'octroi dans diverses villes durant les années 1839, 1840, 1841; il en résulte que la consommation moyenne a été par an :

		Par habitant.
Toulon....................	76,000 hectolitres.	280 litres.
Toulouse	151,000	222
Bordeaux..............	199,000	199
Montpellier............	64,000	180
Lyon......................	252,000	157
Angers..................	48,000	166
Nîmes....................	68,000	166
Nantes...................	119,000	163
Marseille	196,000	152
Orléans..	47,000	134
Saint-Étienne..........	63,000	128
Versailles..............	34,900	127
Paris......................	962,000	106
Metz.......................	43,500	101
Reims..............	38,000	101
Brest.....................	29,000	83
Strasbourg.	32,500	46
Rouen.....................	23.000	24 1/2
Rennes..................	7,700	22
Lille.......................	8.600	12
Amiens..................	8,100	18 1/2
Caen......................	3,600	8 1/2

Depuis quelques années la consommation de vins à à Paris roule de 900,000 à un million d'hectolitres. Ce n'est guère, en tenant compte de l'accroissement de la population, que la moitié de ce qu'elle était sous l'Empire (1). Il faut à Bordeaux, 200 à 250,000 hectolitres par an pour une population qui est à peu près le dixième de celle de Paris ; il s'ensuit que la consommation individuelle de notre ville est à celle de la capitale comme deux et demi est à un. Une réduction sensible sur des taxes qui équivalent à plus de 186 fr. par tonneau, élèverait bien vite le chiffre de la consommation parisienne.

De tout ce qui précède il résulte que l'exportation à l'étranger des vins de la Gironde correspond à peu près, en terme moyen, au dix-huitième de la production du département.

Le produit des vendanges, dans la Gironde, serait difficile de déterminer année par année, autrement que d'une manière approximative; voici, d'après des données employées par l'Administration, ce qui concerne une période de quatre années.

	1834	1835	1836	1837
Bordeaux. .	270,000 h.	393,000 h.	885,000 h.	775,000 h.
Bazas.......	73,200	62,000	106,000	97,000
Blaye.......	314,000	100,000	370,000	375,000
La Réole...	132,090	128,000	178,000	233,000
Lesparre...	207,000	88,000	152,000	163,000
Libourne. .	435,000	384,000	642,000	568,000
Total.....	1,441,000	1,155,000	2,233,000	2,211,000

Un document que nous avons sous les yeux porte les expéditions pour l'étranger, en 1837, à 386,554 hectol. et celles pour toutes autres destinations à 2,687,947, dont 1,380,048 partis de Bordeaux. Ce chiffre est grossi des vinsde provenance étrangère au département, c'est-à-dire de ceux du Languedoc, de Cahors, du Quercy. Ils

(1) Voir l'ouvrage de M. David Macaire : (*Origine, causes et résultats de la perturbation vinicole*, 1842, p. 17).

n'entrent que pour des quantités insignifiantes dans les expéditions à l'étranger, mais ils figurent dans celles pour l'intérieur pour une proportion qui n'est pas sans importance.

La production, d'après les inventaires faits de 1804 à 1808, offrait un terme moyen de 2,200,000 hectol. (1); maintenant l'administration des contributions indirectes l'évalue de 2 millions et demi à 3 millions.

Voici, d'après ses calculs, la répartition des deux années 1840 et 1841.

Expédié pour l'étranger et les colonies.	482,098 h.	491,368 h.
» pour l'intérieur hors du département.	916,805	1,008,456
Consommé à Bordeaux et Libourne. .	225,872	254,613
» chez les débitants hors de ces deux villes.	177,035	188,408
» chez les propriétaires et simples consommateurs.	447,910	470,306
Converti en eau-de-vie.	190,214	193,210
» en vinaigre.	40,273	39,285
Déchet chez les propriétaires et les marchands.	314,081	326,471

(1) Relevons, par arrondissement, les chiffres qui se rapportent, durant ces cinq années, à l'année qui a le moins donné et à celle qui a le plus produit :

Bordeaux.....	1806	777,000	hect.	1808	899,000	hect.
Blaye..........	»	180,000	»	»	293,000	»
Libourne.....	»	499,000	»	»	992,000	»
Lesparre......	»	170,000	»	»	249,000	»
Bazas..........	»	117,000	»	»	221,000	»
La Réole.....	»	217,000	»	»	390,000	»
Total......	»	1,960,000	»	»	2,864,000	»

Une portion considérable des petits vins du département étant livrée à l'alambic (1), et Bordeaux étant le centre d'opérations majeures sur les spiritueux qui y arrivent des provinces voisines, il convient de dire quelque chose des expéditions des eaux de vie.

Voici le relevé de ce qui concerne quelques-unes des destinations importantes; ces chiffres n'énoncent que la quantité d'alcool contenue dans l'eau-de-vie.

	1842.	1843.	1844.
Russie....	18,950	10,164	13,341 litres.
Suède......................	27,422	46,246	50,276
Norwège..................	764,003	112,537	85,813
Belgique..................	96,742	94,819	86,620
Villes anséatiques........	363,312	174,553	98,897
Angleterre................	585,548	511,345	219,602
Indes anglaises..........	358,837	419,104	334,170
États-Unis................	756,405	789,466	1,301,351
Colonies françaises......	228,602	236,138	206,365

Quant aux expéditions par la voie du cabotage, partant de Bordeaux, elles se sont élevées :

En 1841, à 345,154 quint. métr.
En 1842, à 322,866 » »

D'après les calculs de l'administration indirecte, il a été converti en eau-de-vie.

En 1839, 164,208 hectolitres vin de la Gironde.
En 1840, 190,214 » »
En 1841, 193,310 » »

Durant ces trois années la fabrication du vinaigre a absorbé 37,871, 40,873 et 39,285 hectol. de vin.

(1) 190,000 hectol. environ, terme moyen, donnant 21,000 hectol. d'eau-de-vie. Huit barriques de vin produisent communément 380 litres eau-de-vie, preuve ordinaire; dans de mauvaises années, il faut jusqu'à dix et onze barriques. Ces eaux-de-vie, dites de pays, valent un peu moins que celles d'Armagnac et de Marmande.

CHAPITRE XVII.

ANALYSE CHIMIQUE DES VINS DE BORDEAUX.

Nos lecteurs nous sauront gré de rappeler ici le remarquable travail d'un chimiste fort distingué, dont les recherches portent un cachet tout particulier de sagacité et d'attention scrupuleuse. M. J. Fauré, membre de l'Académie des sciences, belles-lettres et arts de Bordeaux, a inséré dans le recueil des *Actes* de cette société savante (Cinquième année, quatrième trimestre, p. 603 et suiv.), un mémoire étendu sur l'analyse chimique et comparée des vins du département de la Gironde; nous regrettons bien vivement de ne pouvoir enrichir notre volume de l'énonciation complète des précieuses découvertes de M. Fauré; du moins pouvons-nous, grâces à l'obligeante autorisation de l'auteur, lui emprunter quelques passages qui feront connaître quelle lumière a jetée ce beau travail sur la composition intime de ces boissons que notre ville expédie dans le monde entier.

« De tous les principes constitutifs du vin, l'alcool est, sans contredit, le plus important; c'est à lui que cette boisson doit sa force, sa chaleur, sa conservation, et aussi sa faculté enivrante. Les vins qui en contiennent peu sont fades, plats, sans énergie; ils s'altèrent facilement, surtout si certains autres principes s'y trouvent en fortes proportions.

L'alcool étant le produit de la décomposition du principe sucré pendant l'acte de la fermentation vineuse, il est évident que plus le raisin sera doux et mûr, plus il y aura d'alcool formé, et plus le vin qui en résultera sera fort et généreux. Il ne faut pas croire cependant, comme quelques auteurs le supposent, que l'alcool constitue seul la qualité des vins; s'il leur donne l'énergie, la chaleur qu'on désire, il faut encore qu'il soit accompagné d'autres principes qui en adoucissent la saveur trop brûlante, et qui donnent à cette précieuse boisson ce moëlleux, ce velouté agréable, sans lesquels elle ne serait plus que de l'eau-de-vie affaiblie.

La quantité d'alcool contenue dans les vins rouges du département de la Gironde est assez variable : les vins qui en renferment le plus ne dépassent pas 11 p. °/₀; ceux qui en contiennent le moins ne vont que de 7,50 à 8; mais la moyenne pour les bons vins ordinaires est de 9 à 10 p. °/₀; les vins fins supérieurs en contiennent de 8,50 à 9,25.

Le tanin est une substance particulière de nature végétale, ayant une saveur âpre et astringente; il est peu styptique, son âpreté n'est pas non plus très prononcée; il colore en noir les sels de fer, et forme avec la gélatine et avec l'albumine des précipités volumineux : il se dissout dans l'alcool faible, et il a une si grande affinité pour la matière colorante du vin, qu'on serait tenté de les croire de même nature; car cette affinité n'est pas la même pour le principe colorant des autres fruits : c'est dans les pepins, la grappe, et les pellicules des raisins, que le tanin réside. Loin de regarder sa présence dans le vin comme nuisible, je crois au contraire qu'elle y est d'une grande utilité.

La qualité la plus recherchée dans le vin, après le bouquet, c'est l'onctuosité, le moëlleux, le velouté, qu'on retrouve dans les grands vins et qui distinguent d'une manière si agréable les vins du Haut-Médoc. Personne ne s'était occupé de rechercher à quelle cause ou à quel principe il fallait l'attribuer, et cependant on avait reconnu depuis bien long-temps que certains vins très-chargés en séve et en arome étaient secs, durs et sans agrément. En isolant les divers principes contenus dans le vin, je me suis aperçu que les vins fins, délicats, renommés par leur saveur et leur qualité, contenaient une substance glutineuse, filante, élastique, qui ne se retrouvait qu'en trés faible quantité dans les vins ordinaires et pas du tout dans les vins inférieurs. Cette substance se dissout dans l'eau et dans l'alcool faible, en leur donnant de la consistance; elle se liquéfie à la chaleur, se boursoufle au feu, et laisse dégager des vapeurs épaisses, ramenant au bleu le papier de tournesol rougi. Elle paraît servir admirablement à unir, à lier les principes constitutifs du vin, peu propres à former entre eux un tout homogène.

Je lui ai donné la dénominatiou d'*œnanthine*, non qu'elle donne aux vins fins leur parfum, mais parce qu'elle leur communique un moëlleux, un velouté, qui fait ressortir leur arome.

Je regarde donc l'œnanthine comme une substance particulière, qui ne préexiste pas dans le raisin, puisque le moût ne la contient pas, mais qui se forme, soit sous l'influence de la fermentation tumultueuse de la cuve, soit sous l'influence des combinaisons lentes qui s'opèrent dans la barrique par une modification de la pectine et du mucilage, car elle paraît participer des deux.

L'œnanthine n'est point précipitée par le tanin et l'alcool affaibli, comme le sont l'albumine, la pectine, etc., elle reste en solution dans le vin, et, à mesure que celui-ci se dépouille des principes qui y étaient en excès et que le tanin entraîne en se combinant avec eux, elle devient plus appréciable, parce qu'alors ses propriétés se développent et transmettent au vin l'onctuosité recherchée. Les éléments de l'œnanthine, comme ceux du principe sucré, ne se complètent que vers la fin de la maturation du raisin. Lorsqu'une température convenable ne favorise pas cette maturation, et que la récolte s'opère avant qu'elle ne soit terminée, il se produit beaucoup moins d'œnanthine. J'ai remarqué que des vins de 1842, provenant d'une propriété dont les vignes avait été fortement grêlées, et où les raisins n'avaient pu acquérir le degré de développement qu'ils auraient dû atteindre, ne contenaient pas d'œnanthine, tandis que ceux de 1841, récoltés sur le même sol, en contenaient une assez grande quantité. J'ai observé aussi que tous les vins qui renferment une assez forte proportion de ce nouveau principe proviennent de terrains secs, pierreux ou caillouteux, tandis que les mêmes cépages, plantés dans des terrains gras, forts et argileux, fournissent des vins qui en contiennent beaucoup moins et quelquefois pas du tout. »

En opérant sur les grands vins de Médoc, récolte de 1840, M. Fauré y a trouvé de 25 centigrammes à 1 gr. 25 d'œnanthine, sur 500 grammes; les graves lui ont donné de 35 à 60 centigr., Blaye 10 à 20, les palus encore moins, si ce n'est les Queyries qui renferment ce principe en assez grande quantité. Les vins de l'arrondissement de La Réole et de celui de Libourne presqu'en entier n'en contiennent point, mais les Saint-Émilion en présentent 50 à 70 centigrammes.

La couleur du vin, ainsi que presque toutes les couleurs rouges ou violettes de nature végétale, est due à une matière bleue, rougie par un ou plusieurs acides libres. C'est dans la pellicule du raisin que réside cette matière colorante.

Étudiant ensuite l'arome ou bouquet des vins, cette émanation si fugitive, objet de tant de recherches, cause de tant de déceptions, M. Fauré montre qu'on n'est encore parvenu ni à saisir, ni à étudier les caractères de ce principe inconnu ; il n'a pu l'obtenir à l'état de pureté, mais du moins il a retiré de chacun des grands crûs un esprit très-subtil qui paraît renfermer la plus grande partie de leur arome ; il indique les caractères les plus tranchés de chacun de ces principes dans les vins de Laffite, de Latour, de Saint-Émilion, de Château-Margaux, etc. ; il montre que ce parfum est formé d'éléments qui se modifient ou s'exaltent sous diverses influences.

Un fait du plus haut intérêt que M. Fauré a signalé le premier et qui n'avait jusqu'à présent été indiqué par personne, c'est la présence d'un sel de fer dans les vins rouges de la Gironde, fait d'autant plus remarquable qu'on ne supposait pas qu'ils en continssent, et que l'analyse qui a été faite des vins de plusieurs autres départements n'indique pas qu'on y ait trouvé ce métal. C'est sans doute à ce sel ferrugineux qu'est due la réputation que les vins de Bordeaux ont anciennement acquise en médecine, comme étant les plus propres à fortifier les enfants, à ranimer les convalescents, et à soutenir les vieillards. On n'admettait pas généralement que cette propriété bienfaisante fût exclusive aux vins de la Gironde ; on ne l'attribuait qu'à la quantité de tanin qu'ils contiennent, et on pouvait supposer que d'autres vins étaient aussi *tannifiés* qu'eux. Actuellement que l'analyse vient de révéler à la thérapeutique la cause de cette supériorité, on ne pourra plus la leur contester, et leur usage médical doit prendre une grande extension.

Quant aux vins blancs de la Gironde, ils contiennent tous des sels végétaux et minéraux, de l'alcool en assez forte proportion, peu de matière colorante, très-peu de tanin; quelques-uns renferment de l'œnanthine, et ont une séve particulière, connue sous le nom de *pierre à fusil*. Lors même qu'ils sont de qualité supérieure, les vins blancs n'ont que peu de bouquet, mais ils possèdent une séve qui varie d'intensité et d'agrément.

Ils renferment généralement plus d'alcool que les vins rouges; les premières qualités en produisent jusqu'à 15 p. °/₀, les plus inférieures en ont de 7 à 8 p. °/₀.

Ajoutons au sujet des grands vins de Sauterne, de Barsac et de Bommes qui offrent la séve de *pierre à fusil*, que cette saveur particulière paraît dûe au sel de fer que ces vins renferment en plus forte quantité que les autres vins blancs.

CHAPITRE XVII.

DU PRIX DES VINS DE LA GIRONDE.

L'indication des prix payés depuis une longue période pour les vins du Bordelais, est un renseignement essentiel qui doit trouver place dans cet ouvrage.

Reportons-nous de deux siècles en arrière; nous trouverons un document officiel qui établit quel degré d'estime proportionnelle on attachait alors aux diverses provenances des vins de la province. Ce document a pour titre : EXTRAIT du résultat et délibération prise dans l'assemblée tenue dans l'Hôtel-de-Ville, le 29 octobre 1647, touchant les prix mis aux vins de la Sénéchaussée et pays Bordelais pour l'année présente.

	le tonneau.		
Graves et Médoc.	26 écus à		100 liv.
Entre-deux-Mers.	20	»	25 écus.
Côtes.	24	»	28 »
Palus.	30	»	35 »
Libourne, Fronsadais, Guîtres et Coutras.	18	»	22 »
Bourg.	22	»	26 »
Blaye.	18	»	24 »
St-Macaire et juridiction d'icelle. . .	24	»	30 »
Langon, Bommes et Sauternes. . . .	28	»	35 »
Barsac, Preignac, Pujols, et Fargues	28	»	100 liv.
Serons et Podensac.	24	»	30 écus.
Castres et Portets.	20	»	25 »
Saint-Émilion..	22	»	26 »
Castillon.	20	»	22 »
Rioms et Cadillac	24	»	28 »
Sainte Croix-du-Mont.	24	»	30 »
Bénauges.	18	»	20 »

Ouï le procureur-syndic, est ordonné que lesdits prix des vins seront observés et suivis tant par les vendeurs que par les acheteurs, avec inhibition et défense d'y contrevenir, sous peine contre les acheteurs, soit courtiers, commissaires flamands et anglais, ou autres marchands achetants des vins, d'être tenus de parfournir le juste prix, et condamnés en amende arbitraire applicable, le tiers au dénonciateur et les deux tiers à la subvention des hôpitaux, et sera la présente ordonnance lue et publiée par les cantons et carrefours et lieux accoutumés, afin que nul n'en prétende cause d'ignorance. Fait et extrait par moy jurat-commis,

Signé, LE BARRIÈRE, *Jurat-Commis*.

Un siècle plus tard, le Médoc était monté au rang qui lui était dû, ainsi que le démontrent les relevés suivants puisés aux sources les plus dignes de foi.

PRIX DES VINS ROUGES

DANS LES BONNES ANNÉES DE 1745, ETC.

MARGAUX ET CANTENAC.

Premier crû, de 1500 à 1800 liv. *le tonneau* : le Château.

Seconds crûs, de 1000 à 1300 liv. : Rosan aîné, Rosan officier, Mme Gassie, Durfort, Lascombe, Candaille, Dessenard, Gorse.

Troisièmes crûs, de 600 à 1000 liv. : Mercier, Malescot, Darche, Joyeux, Bretonneau, Lacolonie, Plassan, Bernard, Prieur de Cantenac, Le Doux, Ducasse, De Gasc.

Quatrièmes crûs, de 400 à 600 liv. : Marcadier, Latour-Dumon, Barbot, Arnebody, Desmirail, Cornes, demoiselles Dengludet, Roux, Benoît.

LABARDE.

Premier crû, de 400 à 600 liv. : Giscour.

Second crû, de 300 à 400 liv. : Duboscq.

Troisièmes crûs, de 200 à 300 liv. : Droillard, Faget, Gallibert, Desplats, Luquins, Renac, Bellegarde.

MACAU.

Premier crû, à 300 liv. : Villeneuve.

Seconds crûs, 150 à 250 liv. : Cambon, Lalane, Laronde, Lassus, Guilhem, Bastares, Guitard, Roquette.

SAINT-JULIEN.

Premier crû, de 800 à 1000 liv. : Léoville.

Seconds crûs, de 400 à 600 liv. : Gruau frères, Bergeron, Brassier.

Troisièmes crûs, de 300 à 400 liv. : Pontet, Delage, Clauzange, Tenat, Duluc.

SAINT-LAMBERT.

Premier crû, de 1500 à 1800 liv. : Latour.

Second crû, de 400 à 500 liv. : Pichon-Longueville.

PAUILLAC.

Premier crû, de 1500 à 1800 liv. : Laffitte.

Second crû, de 400 à 600 liv. : Branne-Mouton.

Les autres, de 200 à 300 liv.

SAINT-ESTÈPHE.

Premier crû, de 800 à 1000 liv. : Segur-Callon.

Seconds crûs, 300 à 500 liv. : Tronquoy, Joffret, Peze, Lacoste, Feuillans, Daste et Basterot.

Troisièmes crûs, de 200 à 300 liv. : Mercier, Lagrane, Superville, Ducasse, Laffon, Capdeville.

SAINT-SEURIN DE CADOURNE.

Premiers crûs, de 300 à 500 liv. : Bardis, Charmail, Ademar, Labat.

Les autres, de 300 à 350 liv.

QUEYRIES, MONFERRAND ET PALUS.

De 200 à 350 liv.

PRIX DES VINS ROUGES DE GRAVES EN 1745, ETC.

PESSAC.

Premier crû, de 1500 à 1800 liv. : Haut-Brion.

Seconds crûs, de 1200 à 1300 liv. : La Mission, Savignac.

Troisièmes crûs, Mme Sabourin, de 800 à 1200 liv.; Giac, 500 à 800 liv.

Quatrièmes crûs, de 600 a 700 liv. : Blansac, Cholet, Guilleragne.

MÉRIGNAC.

Premier crû, de 500 à 800 liv. : Bouran.

Seconds crûs, de 500 à 650 liv. : C. Imbert, Labranche.

Troisièmes crûs, de 400 à 600 liv. : Lemoine aîné, Lemoine cadet, Clark, l'abbé Pelle.

CAUDÉRAN.

Premiers crûs, de 500 à 600 liv. : Roulleau, Monséjour.

Seconds crûs, 300 à 350 liv. : Ravesie, veuve Claris.

Vins communs, 200 à 225 liv.

TAILLAN ET BLANQUEFORT.

Vins ordinaires, pleins, de 200 à 350 liv.

LÉOGNAN.

Vins moyens et moëlleux, de 300 à 400 liv.

GRADIGNAN.

Petits vins, nets de goût, de 200 à 300 liv.

Voici, durant une période de trente années, à partir de 1782, quels furent les prix sur lie de trois classes importantes des vins du Bordelais. Il serait trop long de donner ici des prix-courants détaillés pour des époques si éloignées, et nous remarquerons en passant que les crises politiques empêchèrent qu'en 1793, 1794 et 1795, il ne s'établît des cours réguliers.

	Premiers crûs du Médoc.	*Bons bourgeois du Médoc.*	*Palus.*
1782	1400 à 1500	450 à 600	250 à 300
1783	1350	500 600	300 330

	Premiers crûs du Médoc.		*Bons bourgeois du Médoc.*		*Palus.*	
1784	1250		400	450	200	220
1785	1000 à 1100		350	450	180	200
1786	1300		480	500	300	350
1787	1200 à 1400		480	500	180	200
1788	1420		420	460	180	250
1789	1000 à 1200		450	480	220	250
1790	2200		700	900	350	450
1791	1750 à 1900		650	750	275	325
1792	1000	1100	400	475	250	300
1796	1500	1600	600	700	300	330
1797	1800		650	750	430	460
1798	1400 à 1500		600	700	260	300
1799	1200	1600	480	500	190	220
1800	1800	2000	530	580	250	300
1801	2400	2500	900	1000	425	475
1802	2000	2400	450	550	300	350
1803	1300	1400	500	650	230	260
1804	1500	1600	420	480	230	250
1805	1200	1300	300	400	180	190
1806	1000	1100	380	400	150	180
1807	2400		750	800	250	280
1808	1200 à 1500		300	350	160	200
1809	500	600	215	230	150	240
1810	»	»	240	270	180	200
1811	800		300	380	100	150
1812	»		360	400	170	180
1813	»		400	500	290	310

A partir de 1795, ces diverses années peuvent se classer dans l'ordre suivant, d'après leur mérite : 1795 (la meilleure), 1798, 1802, 1811, 1805, 1807, 1803, 1804, 1801, 1800, 1808, 1810, 1812, 1813, 1797, 1796, 1806, 1809, 1799 (la plus mauvaise).

A partir de 1814, les prix-courants se trouveront sur les tableaux placés à la fin du volume.

Nous donnons ici un relevé, pour cinq années différentes, des quantités de vin récoltées et des prix obtenus dans certains domaines bien connus du Médoc.

Sans doute il eût été d'un intérêt réel de comprendre dans ce travail un bien plus grand nombre de crûs et d'y placer une série de dix années. Diverses considérations nous ont porté à nous en tenir à un essai que nous chercherons à compléter plus tard. Il n'y a déjà que trop de lacunes dans les colonnes du petit tableau que nous allons mettre sous les yeux du lecteur.

Voir le tableau d'autre part.

	Quantités récoltées.					Prix.				
	1833	1837	1838	1839	1840	1833	1837	1838	1839	1840
Ludon.										
La Lagune	47	47	30	29	44	800			1000	
Bacalan	40	55	36	30	46			450	450	
Macau.										
Fellonneau Boutet	34	45	30		45	450	400/500	500	410/425	450/423
Labarde.										
Giscours	80	100	70	50		1000			900	
Geneste	24	40	25	24					550	
Risteau Conseillant	11 1/2	15	7 1/2	14	8				500	
Cantenac.										
Kirwan	22	22	25	25	50	1000			900	
Pouget Chavaille	12	12 1/2	9 3/4	11	17	750			850	
Duluc, Château-d'Issan	30	39	33	38		800				
De Marolles, Portaubin		130	160	100				220	215	
Margaux.										
Rauzan Segla	22	28	22	27	48	800			1200	
Durefort, de Vivens	18	40	21	29	32	1200			1400	
Lascombe	9 1/2	15	7 1/2	9	12 1/4	900				
Becker	10 1/2	6	3 1/2	4 1/2	7 1/2	875		850		750
Desmirail	10 1/2	20	21	20	32 1/2	900		850	850	850
Ferrière	10	8	7 1/2	8 1/2	12 1/2	900		850	850	
Dubignon	16	13	9	10		900			900	
Malescot	20	50	32	32	50	900	725		900	
Cadillon										

Soussans.										
Larigaudière.	30	60	31	36	60	500			450	
Vastapani.	36	56	36	35	60	450			450	
Gouteyron.	20	27	11	15	20	450			425	
Arcins.										
Arnaud.	25	70	40	45	80	500			325	
Subercazeaux..	55	50	30	35	60	500			360	
Id. ci-dev. Couput, Château-Arcins.	158		60	92	140	325			360	
Baron Tramon.	13	18	7	10	18	330				
Poujeaux et Moulis.										
Château Poujeaux.	55	80	55	75	100				550	
Gressier Poujeaux.	18	35	14	24	48				550	
Bertin Mac Carthy. . . , , ...	19	31	12	17	30				420	425
Listrac.										
Le Baron Bernard.	50	70	25	37		350	350		360	
Von Hemert Fonreau.	90	100	51	70					400	
Hostein.	53	90	18	26		475	350		350	
Lamarque.										
Lamothe Bergeron.	35	80		18 1/2	35	370				
Pineguy. . . . . . . , ...	27	70	30	25	55	350			360	
Cartillon Bethmann.	53	100	35	50	92	320				
Château Lamarque.	26	42	22	22	45	350				
Saint-Julien.										
Léoville Lascases. . . . . , ...	124	110	55	59	120	1000			1200	
Gruau Larose.	150	140	76	76	140	1000		1800	1200	1200
Barton Langoa.	30	105		52	123	600			900	
Lagrange (Cabarrus Brown).	160	190	85	118	203 3/4	900			900	

	Quantités récoltéees.					prix.				
	1833	1837	1838	1839	1840	1833	1837	1838	1839	1840
Ducru.	80	80		45		775			1200	
D'Aux.	100	100	70	70		760				
Saint-Pierre Roulet.	80	38	23	22			1200		900	
Duluc.	145	120	50	40		775	900		900	
Beychevelle Guestier.	94	103	77	70	100	700	1150		775	
Bedout.	80	70	40	47		525	600	500	500	
SAINT-LAURENT.										
Carnet.	90	98		56		650			800	
Larose Perganson.	72	80		66	100	550	600		500	
Lahens.	65	60				380	320		400	
PAUILLAC.										
Latour.	100	71	55	48 1/4	63	1550	2100			
Lafitte.	110	115	100	60		1500	2400		2600	
Mouton.	106	119	100	67	120	1000	1800		1200	
Pichon Longueville.	150	115	78	60	132	1000	1700		1300	
Duhar Milon.	40	52	35	22	40	700			800	
Mandavy Milon.	30	36	34	24	43	650	800		600	
Lacoste Saint-Guiron.	130	120	100	73		630	675		625	
Jurine Lynch.	100	84 1/2	80	53		615	675		650	
Batailley.	86	80	61	50	100	600	1050		700	
Lynch Madras.		35	22	25	40				550	
Lynch Moussas.	40	55	39 1/4	32	55	600	600		550	550
Pontet Canet.	186	147	137	92	160	600	675		600	600
Ducasse.	110	118	100	90	130	600	675		600	
Libéral.	39	33	30	20	38	600				

Croizet Bage. . . . . ,	75	70		50	90	600			560	
Castéja Mompeloup	36	33	37	25	30	525			450	
Malescotaîné.	50	34	32	26	41	500				
Constant.	80	80	67	55	100	480			550	
Mandavy Pauillac.	62	58	47	34	73	450	500	460		
SAINT-ESTÈPHE.										
Montrose Dumoulin.	50	98		28	117		1200		1300	
Calon Lestapis.	100	120	125	45		700			900	
Tronquoy.	75	98	90	30	86	525			500	
Labory Cos.	65	70	68		48	500	800		575	
Tarteyron Pez.	113	117	100	80		450	450			
Meyney Feuillan.	160	210	180	80	250	425	450			
Southard.	115	100	80	63		410	425	400	450	
VERTEUIL.										
Bernard Lugagnac.	52	52	25	30		300				
Skinner	130	170	62	80		300	210		325	
Plaignard Péris.	90	20	35	50		290			325	
SAINT-SEURIN-DE-CADOURNE.										
Cabarrus.	140	130	98	80		360	330			
Andron Grandis.	42	45	40	18		350				
Curcié Boué.	150	170	82	100		280			240	
CISSAC ET SAINT-SAUVEUR.										
Château Dubreuil, crû Cabernac. . .	150	120		100		320	375			
Paroi Larriveaux.	100	100		60		340	360		350	
Dumousseau	100	100		40		340	345			
Garrigoux	80	46	35	50		265	350		300	

Indiquons encore, pour quelques autres crûs, les prix qu'ils ont obtenus en certaines années :

Labarde. Lynch, 800 fr. en 1833, 550 en 1839 et en 1840; Guimberteau, 475 en 1833 et 435 en 1839.

Margaux. Rauzan-Gassies, 1050 fr. en 1833, 1200 en 1839; Dubignon Talbot, 900 en 1833 et en 1839; Cadillon, 450 en 1833, 400 en 1837, 350 en 1838; 380 en 1839, 350 en 1840.

Arsac. Rubichon, 460 en 1833, 450 en 1839; le Tertre, 450 en 1833, 400 en 1837.

Soussans. Château de Mons, 500 fr. en 1833, 450 en 1839; Benoîst et Deyries, 450 en 1833 et en 1839; Gouteyron, 450 en 1833, 425 en 1839.

Listrac. Cazeau frères, 300 en 1833, 325 en 1837; Hugon, 300 en 1837 et 1838.

Castelnau. Gontier-Lalande, Videau, Duprat, 280 fr. en 1839; Damas, Larigaudière, 300.

Saint-Julien. Léoville-d'Abadie, 1000 fr. en 1833, 1800 en 1837, 1200 en 1839 et 1840; Martin Sceau, 470 en 1833, 420 en 1837, 400 en 1839; Mitroche, 400 en 1833, 330 en 1840.

Saint-Laurent. Popp, 600 en 1833, 650 en 1837; Veron, 380 en 1833, 320 en 1837, 400 en 1839; Lahens, mêmes prix, si ce n'est 410 en 1839.

Saint-Estèphe. Lafon-Rochet, 800 en 1833, 1105 en 1839; Capbern, 525 en 1833, 450 en 1837 et 1839; Cazeau-Canteloup, 410 en 1833, 400 en 1838, 450 en 1839; Phélan, 410 en 1833, 450 en 1839; Mac-Carthy, 400 en 1833, 420 en 1839.

Saint-Seurin de Cadourne. Louvet, 325 fr. en 1833, 350 en 1839; Figerou-Mimi, 200 en 1837, 220 en 1839.

Voici les prix auxquels se sont effectués les principales ventes des vins de la dernière récolte.

Ventes de 1844 : *Margaux*. Rauzan-Segla et Lascombe-Hue, 2500 fr.; Durefort-de Vivens, 2650 ; Dubignon-Talbot et Becker, 2200 ; St-Exupery, 2000 ; Ferrière, 1800 ; Seguinaud-Deyrie, 1500 ; Lapeyruche-Mac-Daniel, 1400. (Les récoltes de Château-Margaux ont été vendues par abonnement, pour neuf ans, à partir de celle de 1844, au prix de 2100 fr. le tonneau).

Cantenac. Fruitier, ci-devant Brown, et baron de Brane, 2500 fr.; Kirwan et Pouget Chavaille, 1850 ; Desmirail, 1750; Château-d'Issan, 1800.

Labarde. Giscours, 1800 fr.; Lynch, 1300.

Saint-Julien. Léoville-Lascaze, Bergeron-Ducru, 2500 francs; Léoville-d'Abadie, Gruau-Larose, 1200; Lagrange-Duchâtel, 1900; Saint-Pierre-Bontemps et Duluc, 1800; Delage d'Aux, 1700 ; Langoa-Barton et Saint-Pierre-Roulet, 1600.

Pauillac. Laffite, 4500 fr.; Mouton, 2650; Duhart, 1500; Pontet-Canet, Lacoste-Grandpuy, Ducasse et d'Armailhac, 1300 ; Pedesclaux, 1200.

Saint-Estèphe. Merman, 1050 fr.

Pessac. Haut-Brion Larrieu, 3000 fr.

Sauternes. (vins blancs), Yquem 1200 fr.

Un des tableaux placés à la fin du volume fait connaître les prix des vins rouges depuis longues années ; nous ajouterons, quant aux vins blancs, les cours établis à l'égard de quatre récoltes dont la comparaison pourra être utile :

	1822.	1831.	1834.	1847.
Yquem, Sauternes..........	800	750	1250	850
Ht-Sauternes, Bommes, 1ers crûs	800	750	950	450 à 550
id. id. 2mes crûs.	500 à 600	500 à 600	600 à 700	300 à 350
Bas-Sauternes, bourgeois...	400 à 500	350 à 400	400 à 500	240 à 250
id. paysans......	400 à 500	350 à 400	400 à 500	220
Cérons, Podensac, bourgeois	350 à 500	300 à 400	350 à 400	200 à 210

	1822.	1831.	1834.	1847
Cérons, Podensac, paysans..	280 à 300	280 à 300	300 à 325	160 à 180
St-Pey, Langon, Fargues, Pujols......................	280 à 325	260 à 280	250 à 280	130 à 140
Ste-Croix du Mont..........	300 à 350	260 à 280	300 à 350	150
Langoiran 1res Côtes........	280 à 325	250 à 280	240 à 260	130 à 150
2mes id..........	230 à 250	200 à 225	225 à 250	» »
Graves 1ers crûs.........	800	500	400 à 450	» »
2e et 3me crûs..........	300 à 350	280 à 300	250 à 300	» »
Entre-deux-mers.............	200 à 220	150 à 190	150 à 170	110

Les premiers crûs de Barsac et Preignac avaient valu 350 fr. en 1836, 400 à 500 en 1837, 400 à 500 en 1838, 475 en 1839, 400 en 1841. Les bourgeois de Cérons et Podensac, 230 fr. en 1836, 200 en 1837, 210 à 220 en 1839.

Il ne sera pas hors de propos de mentionner, au sujet du prix des vins, à quelles conditions certains domaines du Médoc ont changé de propriétaires :

Château-Margaux, acheté en 1802, par M. de Lacolonilla, 651,000 fr., et en 1836, par M. Aguado, 1,300,000 f.

Malescot (Margaux), 80,000 fr. en 1830, par M. de Saint-Exupery.

Gruau Larose (Saint-Julien), 350,000 fr. en 1814, par MM. Balguerie, Sarget et Comp.

Langoa (id.), 650,000 fr. en 1821, par M. Barton.

Beychevelle (id.), 650,000 fr. en 1825, par M. Guestier Jr.

La Grange (id), 650,000 fr. en 1832, par M. Brown, et 775,000 en 1842, par M. le comte Duchatel.

Laffite (Pauillac), 1,200,000 fr. en 1803, par M. Vandemere à une compagnie hollandaise qui l'avait acquis de la nation ; vendu depuis à M. Scott.

Mouton (Pauillac), 1,200,000f, en 1830, par M. Thuret.

Bage (id.), 300,000 fr. en 1825, par M. Jurine.

Batailley (id.), 150,000 fr. en 1819, par M. Daniel Guestier.

Calon (Saint-Estèphe), 600,000 fr. en 1825, par M. Lestapis.

Du Bosq (id.), 190,000 fr. en 1831, par M. de Carle.

Château d'Issan (Cantenac), 255,000 fr. en 1825, par M. J. Duluc.

Lacheney (Cussac), 150,000 fr. en 1819, par M. Phelon.

Haut-Brion (Pessac), 525,000 fr. en 1824, par M. Beyermann.

En 1837, Haut-Brion fut adjugé aux enchères publiques, à M. Eugène Larrieu, de Paris, pour le prix de 277,000 fr. Sur cette somme, 250,000 fr. restèrent entre les mains de l'acheteur, pour faire face à une rente viagère de 25,000 fr. sur une seule tête, rente qui ne fut servie que 18 mois ; les frais montant à 30,000 fr. environ, à la charge de l'adjudicataire.

CHAPITRE XVIII.

COUP D'OEIL SUR LES VINS DE FRANCE AUTRES QUE CEUX DE LA GIRONDE.

Indépendamment des vins qu'il récolte sur son territoire, le département de la Gironde en livre au commerce des quantités importantes venant des départements voisins.

Les vins de Bergerac et ceux du canton de Domme (arrondissement de Riberac) trouvent au nord de la France, à Rouen et à Paris un débouché assez courant. Les premières sortes de rouges se rapprochent du caractère des Saint-Emilion ; ce sont des vins généreux, et l'âge leur donne du bouquet. Les blancs doivent se distinguer en secs et en doux; ces derniers, lorsqu'ils sont bien réussis, présentent de l'agrément, de la vinosité, du parfum; la Hollande les recherchait autrefois, mais les préférences des gourmets sont changeantes. Voici les prix que présente une moyenne de plusieurs années.

Rouges, 1re qualité, 250 à 275 fr. le tonneau; 2me, 225 à 250; 3me, 200 à 225.

Blancs, 1re qualité, Monbazillac, 350 à 400 fr.; 2me, bonnes côtes, 300 à 350; 3me, côtes ordinaires, 250 à 300 fr.

Le département du Lot nous envoie des vins noirs provenant des arrondissements de Cahors et de Gourdon; ils se dirigent en majeure partie sur Paris; ils servent à colorer, à fortifier des vins légers et faibles. Il arrive à Bordeaux, chaque année, 3000 à 4000 ton. de vins de Cahors, dont majeure partie en passe-debout; on vend en ville de 600 à 800 tonneaux.

Les Cahors, Grand-Constant, se vendent habituellement 400 fr. le tonneau; les marques moins estimées valent 200 à 300 et quelquefois 350 fr.

Deux provinces sont fières de posséder des vignobles célèbres qui jouissent d'une renommée égale à celle des grands crûs du Bordelais; il s'agit de la Bourgogne et du Dauphiné.

Les vins de Bourgogne se distinguent par la suavité de leur goût, leur finesse et leur arome spiritueux; ceux du Dauphiné ont quelque chose de la nature des vins du Bordelais; ils possèdent beaucoup de corps et une partie du moëlleux des vins de Bourgogne; ils sont aussi très-spiritueux.

Les premiers crûs de la Bourgogne, sont : la *Roma-*

née-Conti (1), le *Chambertin* (2), le *Richebourg*, le clos *Vougeot*, la *Romanée-de-Saint-Vivant*, la *Tâche* et le clos *St-Georges*, arrondissements de Baume et de Nuits, département de la Côte-d'Or. On cite après eux, comme fournissant des vins supérieurs à ceux de la seconde classe, le clos de *Prémeau*, le *Musigni*, le clos du *Tart*, les *bonnes-Marres*, le clos à la *Roche*, les *Véroualles*, le clos *Morjot*, le clos *Saint-Jean* et la *Perrière*, même département.

Quand ces vins sont bien réussis, ils réunissent tous les avantages qui constituent une boisson parfaite; une belle couleur, beaucoup d'esprit, du corps et de la moëlle, une extrême finesse dans les molécules, un arome ou bouquet délectable. Ils se sont payés jusqu'à 200 et 220 fr. l'hectolitre sur lie.

Les crûs nommés *Meal*, *Greffien*, *Bessac*, *Beaume*, et *Raucoulé*, sur le territoire de l'Hermitage, canton de Tain, département de la Drôme, sont les plus estimés de tous ceux du Dauphiné. Les vins de l'Hermitage se divisent en cinq classes; ils réunissent couleur naturelle et vive, plénitude et parfum agréable. Les trois quarts s'expédient pour Bordeaux où ils servent à renforcer les vins destinés à l'Angleterre; dans de bonnes années, la première classe a obtenu jusqu'à 550 fr. la pièce de 210 litres. Les autres classes descendent alors proportionnellement à 450, 400, 300 et 250 fr. La récolte moyenne

---

(1) L'éclatante réputation de ce crû ne remonte guère au delà d'un siècle; elle est due à d'habiles procédés de vinification introduits par un officier allemand, nommé Cronamburg, qui, vers 1730, devint le gendre du propriétaire de ce domaine.

(2) Plus de couleur et de corps et presqu'autant de bouquet que la Romanée; c'était le vin favori de Louis XIV et de Napoléon.

en vins d'Hermitage de toutes classes est d'environ 2400 hectol. L'Hermitage blanc est sans contredit un des premiers vins blancs qu'il y ait en France, c'est-à-dire au monde. Il est moëlleux et riche de goût ; sa couleur est d'un jaune paille ; son parfum délicieux n'a point d'analogie ailleurs. Trois crûs le produisent et ils ne donnent pas au delà de 215 à 240 hectol. Tous les vins de l'Hermitage viennent sur un rocher granitique qui s'élance à 160 ou 200 mètres au dessus du niveau du Rhône.

On range dans une seconde classe divers vins très justement estimés des connaisseurs, et qui se récoltent sur le territoire de diverses provinces. Les vins de Champagne ont beaucoup de délicatesse, de soyeux et de finesse ; ils portent assez promptement à la tête, mais leur fumée se dissipe presque aussitôt, et ils sont en général très-salubres. Les vins du Lyonnais diffèrent de ceux du Dauphiné par un peu moins de corps, plus de légèreté et de vivacité ; ceux du Comtat d'Avignon ont beaucoup de feu, de finesse et d'agrément ; ceux du Béarn sont corsés, spiritueux et moëlleux. Les vins du Roussillon ont plus de couleur, de force et de spiritueux, mais moins de finesse et de bouquet. Voici les crûs qui produisent ces différens vins :

En Champagne : *Verry*, *Verzenay*, *Mailly*, *St-Basle*, *Bouzy*, et le clos de *St-Thierry*, département de la Marne.

En Bourgogne : le crû dit *Corton*, à Alosse, plusieurs de ceux de *Vosne*, *Nuits*, *Volnay*, *Pomard*, *Beaune* (1),

---

(1) Les vins de Beaune étaient placés au premier rang dans l'opinion des amateurs du moyen âge et Pétrarque donne à entendre *(Epist. Senil.* lib. VII) qu'ils contribuèrent grandement à la longue durée du séjour que firent les papes à Avignon. Un historiographe de la ville de Beaune, l'abbé Gandelot, fait ainsi connaître le mérite de

Chambolle, *Morey*, *Savigny* et *Meursault*, département de la Côte-d'Or, les côtes des *Olivottes*, de *Pitoy*, de *Perrière* et des *Préaux*, à Tonnerre; les clos de la *Chaînette* et de *Migrenne*, à Auxerre, département de l'Yonne; et enfin le *Moulin-à-Vent*, les *Torins* et *Chénas*, dans le Beaujolais et le Mâconnais, département de la Saône et Loire.

Dans le Dauphiné, les vins de *Tain* et de l'*Etoile*, département de la Drôme.

Dans le Lyonnais, la *Côte-Rôtie*, département du Rhône. On distingue ces vins en Côte-Rôtie brune et Côte-Rôtie blonde. Ils se rapprochent, quant au parfum et à la séve, des crûs de l'Hermitage, mais ils ont moins de corps et de force.

Le département des Bouches-du-Rhône produit beaucoup de vin d'une qualité fort médiocre mais dont il se fait des expéditions considérables pour les colonies. Ils se vendent d'ordinaire 28 à 30 fr. la barrique; l'Inde et Bourbon reçoivent des sortes un peu supérieures dans les prix de 40 à 45 fr. (1).

---

ces divers crûs: Pomard a plus de corps et de vin; il se soutient mieux dans les pays chauds. Beaune est plus coulant, plus agréable à boire. Savigni et Chassagne sont plus moëlleux et meilleurs à la santé à la seconde et troisième feuille. Chassagne approche le plus de ceux de Nuits dans les années chaudes. Alosse les surpasse pour la finesse. Pernant est plus ferme qu'Alosse, mais il n'en a pas le bouquet. Auxai a plus de force et de légèreté que Savigni, mais il n'en a pas la franchise. Saint-Aubin est léger et pétillant, mais il est un peu casse-tête.

(1) Voici quelles ont été les expéditions marseillaises pour les principaux ports de destination, en 1840 et 41 :

Maurice........	en 1840,	37,839 hect.	en 1841,	37,908 hect.
États-Unis.....		24,146		31,732
Brésil...........		22,247		14,637
Martinique....		36,212		31,433

L'Hérault est au premier rang des départements qui produisent une très-grande quantité de vins; les meilleures qualités trouvent un débouché assez courant en Hollande et dans le Nord; le commerce de Cette est parvenu à imiter avec succès les vins étrangers; il place de fortes parties de ses Madère, de ses Porto, de ses Xerez; leur bas prix leur procure un bon accueil chez une classe de consommateurs peu exigeants (1).

Le Comtat d'Avignon peut citer d'abord le crû de *Coteau-Brûlé*, ensuite ceux de *Lanerte* et de *Château-*

Guadeloupe...	en 1840, 17,250 hect.	en 1841, 13,478 hect.
Bourbon.......	12,197	9,208

Les expéditions pour le Nord sont sans importance; en 1841, Belgique, 240 hect.; Hollande, 369; Villes Anséatiques, 320; Prusse, rien; Danemarck, 140; Suède et Norwège, 374; Russie, 3204.

D'ailleurs les obstacles qui paralysent l'exportation des vins de Bordeaux se font également sentir à Marseille, et l'exportation diminue sensiblement en Provence; elle avait été, en 1833, de 256,330 hect.; et, en 1834, de 291,464. Elle est tombée, en 1840, à 208,004, et en 1841, à 192,044 (Julliany, *Essai sur le commerce de Marseille*, 1843, t. III, page 179).

(1) Il a été expédié du port de Cette, avec chargement, en 1843, 22 bâtiments pour la Russie, 8 pour la Suède, 10 pour la Norwège, 34 pour le Danemarck, 28 pour les villes Anséatiques, 12 pour le reste de l'Allemagne, 11 pour la Hollande, 1 pour la Belgique. Ces 126 bâtiments, *tous sous pavillon étranger*, jaugeaient 27,240 tonneaux. C'est à bien peu de chose près égal aux expéditions de Bordeaux, dans la même année, pour les mêmes destinations : 28,162 ton.

En 1842, Cette avait dirigé sur les mêmes points 115 navires (28,018 ton.), et, en 1841, 118 navires (21,081 ton.).

Ajoutons qu'il est parti de Cette, en 1843, 4 bâtiments pour le Brésil, 7 pour Rio-de-la-Plata, et 1 pour Bourbon et Maurice; en 1842, 6 bâtiments pour le Brésil, 12 pour Rio-de-la-Plata, 2 pour Bourbon, 4 pour Maurice; en 1841, 7 bâtiments pour le Brésil, 9 pour Rio-de-la-Plata, 1 pour Cayenne, 2 pour les États-Unis, 2 pour Maurice. Toutes ces cargaisons se composent presqu'entièrement de vins.

neuf. Il ne tiendrait qu'au département de Vaucluse d'occuper un rang distingué dans la série des pays vinicoles, mais il faudrait qu'il triât soigneusement ses cépages et qu'il réformât complètement ses procédés souvent grossiers de vinification.

Le Béarn peut citer les vins de *Jurançon* et de *Gan*, département des Basses-Pyrénées (1).

Le Roussillon revendique *Calliourne*, *Bagnyuls* et *Cosperon*, département des Pyrénées-Orientales. Dans les bonnes années, ces vins ont toute la richesse de ceux d'Alicante. En vieillissant, ils prennent une couleur dorée et un goût très-agréable. Ils sont alors recherchés comme vins de dessert sur les meilleures tables. Leur durée tient du prodige. Il y a peu de temps qu'il s'en trouvait chez un amateur Perpignanais quelques bouteilles provenant de la récolte de l'année où fut signé le traité des Pyrénées; il avait plus de cent soixante-dix ans et il était encore délicieux.

---

(1) Ces vignobles produisent, année moyenne, 8,000 hectol. première qualité, 5,600 de seconde; les prix sont communément de 25 et de 22 fr. Les vins de quelques communes environnant celle de Jurançon entrent dans le commerce sous le même nom. La commune de Gan renferme une très-petite vigne appelée Gaye-Sicabaig du nom de son propriétaire, et qui ne donne guère que trois hectol., mais avant 1790, cette vigne appartenait à un membre du parlement de Pau, et chaque année son produit était expédié à Versailles pour la table du roi.

CHAPITRE XIX.

POÉSIE.

Il s'agit de dédommager nos lecteurs de l'aridité de tous les chiffres qu'il nous a fallu entasser, de la sécheresse des détails statistiques, base de notre travail. Nous allons emprunter quelques fragments à un petit poème intitulé *Le vin blanc de Bordeaux*; ces vers spirituels et chaleureux, tout-à-fait dignes du sujet, n'ont reçu encore qu'une publicité imparfaite. Nous respectons le vœu de leur auteur en ne révélant pas son nom; il a chanté en parfaite connaissance de cause un sujet auquel le rattachent des occupations fort sérieuses. Nous savons qu'il n'entend point laisser son œuvre incomplète, inachevée; les vins rouges du Médoc seront de sa part, tout comme leurs frères de couleur différente, l'objet d'un hommage sincère; malheureusement il ne nous est pas encore accordé d'enrichir nos pages des accents qu'inspirent à cette muse discrète les vertus inspiratrices de Château-Margaux, de Lafitte, rois qui ne s'en iront pas.

LE VIN BLANC DE BORDEAUX.

Des lieux où le Ciron, en serpentant, bouillonne,
Et vient mêler son onde aux flots de la Garonne,
On voit se dessiner, en groupes gracieux,
Les monts où s'élabore un nectar précieux.
A droite on aperçoit la sinueuse chaîne
Bordant, comme un feston, le fleuve d'Aquitaine.
A gauche, des coteaux qui, bornant l'horizon,
Paraissent dérouler des tapis de gazon.
De gothiques châteaux, élevés sur leur crête,
Au loin de leur pignon montrent le sombre faîte.
Que leur nom soit modeste, ou leur blason altier,
Chacun d'eux est fameux dans l'univers entier.
Qu'ici le voyageur, en passant, se prosterne!
Car ces coteaux sont ceux de Bomme et de Sauterne.
Sauterne! à ce seul nom le gourmet enflammé
Sent déjà son palais de parfum embaumé.
Là, dans un humble cep, la puissante nature
Cache de ses esprits l'essence la plus pure,
La distille aux rayons d'un soleil glorieux,
Et par mille détours divins, mystérieux,
Conduit dans nos celliers cette source bénie
Où l'homme va puiser la force, le génie.
Un essaim de follets, enfermés dans ce sol,
Chaque automne, en riant, de là prennent leur vol;
Et, nourris dans son sein, d'une flamme féconde

Vont porter le bonheur, la joie, autour du monde.
Salut, ô monts sacrés, qui de vos flancs divins
Faites jaillir le suc du plus noble des vins.
Quelques buveurs sans goût, race dégénérée,
Voudraient en vain flétrir sa vertu vénérée.
Que l'être délicat, sans vie et sans chaleur,
Préfère du Médoc la vermeille couleur,
Et s'humecte à son gré de ce léger breuvage!
La tisane au malade, au crétin le laitage!
Mais celui qui, doué d'une mâle vigueur,
Dans son robuste sein sent battre un noble cœur,
S'il craint de voir faiblir sa force et son courage,
Doit d'un vin trop léger s'interdire l'usage.
Non que j'abaisse ici les grands crûs de Pauillac,
Ceux de Saint-Julien, de Margaux, Cantenac :
Je sais apprécier leur séve parfumée,
Je m'incline devant leur juste renommée;
Mais possèdent-ils donc cet arome flatteur,
Cette onctueuse chair, ce ton réparateur,
Ce sucre alcoolisé que le vin blanc recèle?
C'est un parfum plus doux que la rose nouvelle,
Un reflet plus brillant qu'un rayon du soleil...
O vin de nos coteaux, tu n'as pas ton pareil!

Voyez dans le cristal de la coupe cintrée
Cette blanche couleur légèrement dorée.
A cet aspect charmant notre œil est enchanté,
Le nerf de l'odorat frémit de volupté.
Mais de notre palais les sensuelles voies
A l'instant vont s'ouvrir à d'indicibles joies.
Quand la vive liqueur, pénétrant notre sein,
Des esprits endormis va réveiller l'essaim :
C'est de Memnon glacé l'insensible statue
Par les rayons du jour soudainement émue.
Tous ces petits esprits, à cet heureux signal,
Etendent mollement leurs membres de cristal,
Ouvrent leurs yeux riants, et d'un élan rapide
Se jettent dans les flots de la liqueur limpide.
A de joyeux ébats ils se livrent sans frein,
Plongent, dansent en rond, se tenant par la main;
Ils agitent le bout de leurs petites ailes
D'où tombent des rubis aux vives étincelles,
Et leur troupe folâtre augmente à chaque instant;
Le bruit, léger d'abord, devient plus éclatant.
A leurs chants, à leurs cris s'épanouit notre âme;
Ces millions d'esprits nous brûlent de leur flamme.
Se rapprochant alors de la divinité,
L'homme sent l'infini, sent l'immortalité;
Il se pâme d'extase aux vives harmonies
Que produisent les jeux de ces petits génies,
Et le vulgaire alors, ignorant et brutal,
Dira : « Ce drôle est ivre! » Anathème banal.....

La chasse, cependant, avec le jour finit,

Et les chasseurs, poussés par un vif appétit,
Pressent de leur coursier l'allure irrégulière,
Pour gagner du château la table hospitalière.
C'est là qu'ils vont trouver, dans un tiède salon,
L'oubli de leur fatigue et du froid aquilon.
Là, les vins les plus fins de Sauterne et de Bomme,
Vont aux nobles chasseurs prodiguer leur arome.
Le vénérable Iquem paraît au premier rang;
L'Iquem si savoureux, si limpide et si blanc,
Qui porte le cachet de sa noble origine,
Et brille, transparent comme une aigue-marine :
Le Vigneau, Rieussec, le Coutet de Barsac,
Le Clémens, le Mirat et le Broustet-Nérac.
Et celui dont la sève est si douce et si franche,
Qui croît sur le coteau fameux de la Tour-Blanche,
Dont le sucre onctueux, le parfum délicat,
Trahit le sauvignon et le raisin muscat.
O vins délicieux, doux comme l'ambroisie,
Principe de tous biens, source de poésie,
Nous allons voir par vous fermenter les cerveaux;
De ces chasseurs surgir de grands hommes nouveaux...
Mais puisqu'on interdit à la rive lointaine
De boire, à bon marché, les vins blancs d'Aquitaine,
Qu'à tous Français on laisse au moins la faculté
De les boire chez eux en toute liberté!
C'est alors qu'on verrait, dans notre belle France,
Le Midi, qu'on délaisse, oublier sa souffrance,
Notre antique gaîté soudain reparaîtrait,
Et d'un trop long sommeil l'esprit s'éveillerait.
Le spleen, qui d'Albion ici s'impatronise,
Regagnerait, honteux, les bords de la Tamise.
Plus d'odieux complots, plus d'horrible attentat,
Un admirable accord régnerait dans l'état,
Et la droite et la gauche, à la chambre élective,
Discuteraient, dès lors, sans fiel, sans invective.
Le député, toujours esclave de sa foi,
Mépriserait l'éclat d'un lucratif emploi;
On ne le verrait pas, timide patriote,
Renier au scrutin un ostensible vote,
Et ne songeant qu'à lui, parjure à son mandat,
Oublier les serments que fit le candidat.
O vous, triple pouvoir, daignez enfin nous croire;
Roi, pairs et députés, buvez, laissez-nous boire;
Vous, vénérables pairs, ainsi qu'Anacréon,
De pampres et de fleurs couronnez votre front;
Buvez, surtout, buvez, messieurs les honorables,
Pour être aux Bordelais désormais favorables.
Buvez tous du Barsac; que son feu chaleureux
Vous rende, comme lui, bienfaisants, généreux;
Que, par vos sages lois, le plus pauvre ait en France,
Avec la poule au pot, du vin en abondance!

PRIX DES VINS ROUGES SUR LIE.

VINS DE	1815.		1816.		1817.		1818.		1819.		1820.		1821.		1822.		1823.	
t-Macaire et Blaye. .	250 à	300			450 à	500	240 à	260	150 à	180	300 à	310	210 à	230	160 à	200	140 à	160
s et Bourg.	300	350			510	550	300	400	200	270	310	320	230	270	220	320	150	200
s.	320	350	300 à	350	500	550	330	350	220	250	350	400	250	300	200	300	180	200
tferrant.	350	400			600	620	380	400	300	325	380	400	320	330	300	400	200	225
yries.	450	480			650	700	450	500	350	400	450	520	350	380	420	500	260	280
t-Emilion.	350	450			600	650	350	450	380	500	380	450	380	450	400	500	200	320
ts Médoc (bourgeois).	320	380			550	600	450	480	280	320	350	400	270	380	300	350	200	250
oc ord. (bourgeois).	430	480	300	350	630	650	500	650	350	400	500	850	400	450	380	450	270	320
bons bourgeois. .	500	600			700	1000	750	900	450	580	900	1000	500	550	500	660	400	500
es. et 4es. crûs. . . .	600	1000	380	400	1200	1500	1000	1500	600	800	1000	1400	600	750	800	1200	560	700
es. idem.	—	—	400	500	—	—	1800	2100	—	—	1500	1600	800	850	1300	1500	800	900
es. idem.	—	—	450	500	—	—	2500	2650	—	—	2100	2200	—	—	2000	2100	1200	1300
ers. idem.	—	—	—	—	—	—	—	3350	—	—	—	—	—	—	2400	2500	1500	—

PRIX DES VINS ROUGES D'APRÈS LES VENTES FAITES DE PREMIÈRE MAIN.

VINS DE	1824.	1825.	1826.	1827.	1828.	1829.	1830.	1831.	1832.	1833.
-Macaire, Blaye et Bourg.	120 280	200 à 350	110 180	120 250	110 280	100 180	250 350	160 300	180 250	120 200
. . . .	200 350	300 380	150 180	140 210	140 250	120 250	240 350	220 300	160 300	150 180
, Queyries et Monferrand.	200 350	300 550	150 250	140 280	140 300	120 300	240 400	220 400	160 320	160 220
-Émilion.	300 500	500 800	200 300	230 350	200 350	180 400	400 600	300 450	230 400	220 300
es.	250 700	500 1200	210 500	220 600	220 600	150 450	250 500	280 500	200 700	210 500
Médoc.	180 200	400 450	200 220	180 250	180 300	170 300	300 550	280 400	200 350	200 350
Médoc.	250 350	500 600	250 280	230 350	250 400	200 350	350 400	360 500	300 450	250 450
Bourgeois.										
id.	500 550	700 800	320 400	350 500	350 500	300 420	400 500	450 700	400 650	400 600
geois supérieurs.										
ûs.	600 650	1000 1100	400 500	500 650	500 600	400 500	600 700	700 1000	600 850	500 800
d.	700 800	1500 1800	600 700	700 900	700 800	450 550	700 900	1000 1400	750 900	650 900
d.	1000 1200	2000 2400	700 800	900 1200	900 1200	550 700	1200 1400	1600 2000	1100 1300	800 1400
d.	» »	3000 4200	1100 1300	1300 1600	1200 1700	700 900	1600 2000	2000 2400	1400 2000	1200 1700
d.	» »	3600 5000	1300 1600	1800 2000	1500 2000	800 1100	2000 2400	2400 2800	1700 2500	1500 2000

VINS DE	1834.	1835.	1836.	1837.	1838.	1839.	1840.	1841.	1842.	1843.	1844.
-Macaire, Blaye et Bourg. . . .	130 250	110 180	110 180	110 160	120 200	120 180	110 150	110 150	110 150	220 260	160 250
. . . .	180 250	150 180	150 180	140 170	180 220	170 200	125 180	125 180	125 160	240 280	200 260
, Queyries et Monferrand. . . .	190 260	150 180	150 200	150 220	180 280	170 230	130 230	130 200	125 180	240 300	200 300
-Émilion.	280 400	180 250	220 280	210 350	230 400	220 350	200 350	180 250	180 380	250 350	300 600
es.	330 800	180 450	220 550	200 500	230 550	220 500	200 400	200 350		250 450	300 700
Médoc.	330 400	180 200	200 240	180 230	200 250	200 220	160 180	150 180	150 170	250 270	300 350
Médoc.	450 500	230 280	280 400	250 350	250 320	220 250	200 220	200 220	180 220	280 320	400 500
Bourgeois.					350 400	280 330	230 280	230 250	230 260	320 360	500 600
id.	600 700	280 350	350 450	380 450	400 500	330 450	300 360	300 350	280 330	350 400	600 700
geois supérieurs					500 600	450 600	380 450	380 400	380 400		800 900
ûs.	800 1000	400 600	500 600	550 650	650 700	600 700	450 550	450 550	400 450		1100 1300
d.	1200 1500	600 800	600 800	700 900	750 1000	800 900	550 700	550 700	500 650		1500 1800
d.	1600 1900	800 1000	900 1000	1200 1400	1100 1300	1000 1500	750 850	800 900	750 850		2000 2400
d.	2100 2200	1100 1200	1500 1600	1600 1800	1500 1700	1500 1800	1000 1100	1200 1300	1000 1200		2500 2800
d.	2400 2800	1400 1600	1800 2000	2000 2400	1800 2000	2500 2800	2000 2500 4500	1800 2400	1500 1800		3000 4500

VINS. PAYS DE DESTINATION.	1825	1826.	1827:	1828.	1829.	1830.	1831.	1832.	1833.	1834.
	hectolitres.	hectolitres.	hectolitres.	hectolitres.	hectolitres.	hectolitres.	hectolitres.	hectolitres.	hectolitres.	hectolitres.
sie	21,492	18,947	29,930	22,965	17,936	18,929	18,266	28,640	20,606	19,178
le et Norwège	7,491	7,574	5,762	6,089	7,285	5,155	3,285	6,198	6,369	5,992
emarck	7,121	12,186	8,880	13,386	13,140	7,048	6,176	13,449	11,883	12,378
se et Allemagne	18,585	33,991	20,311	29,550	30,582	35,095	25,336	69,561	33,954	30,577
-Bas	82,244	107,331	142,559	109,959	119,966	33,711	17,891	66,043	58,663	129,696
ique							8,530	39,929	71,808	53,439
s Anséatiques	142,668	128,033	121,686	135,635	104,652	84,789	70,777	165,336	238,686	145,799
leterre	33,775	17,860	11,188	23,287	20,061	16,129	14,414	11,320	10,133	15,140
ugal	4,200	2,833	3,222	3,307	2,682	2,869	3,707	2,617	2,596	2,780
gne	1,830	1,622	1,908	2,097	1,964	2,081	2,089	2,080	2,246	2,279
occidentale d'Afrique								178	320	
que, possesions anglaises (île Maurice)								8,811	3,998	5,092
s anglaises	2,471	2,922	7,480	18,638	9,417	3,065	3,825	9,455	4,934	2,530
hollandaises								656	849	
françaises									326	433
-Unis	12,141	12,546	20,894	16,578	23,409	13,770	20,867	26,909	26,504	26,214
			7,847	4,375	7,261	4,322	2,105	4,048	4,050	2,659
nne anglaise								161	132	32
et Puerto-Rico	21,586	15,593	23,145	25,579	20,588	10,795	6,694	9,380	11,465	12.356
-Thomas			2,357	3,120	1,811	1,746	2,118	3,705	1,619	3,552
l	1,376	2,340	5,556	3,784	2,133	3,195	1,865	4,887	3,942	4,151
que	5,547	5,637	5,051	5,671	5,128	3,893	2,945	1,683	3,784	6,362
nbie	1,584	2,224	2,966	1,151	1,448	811	117	458	229	572
1	1,425	4,898	1,260	2,714	914	1,216	963	1,984	1,559	891
								1,614	79	3,341
le-la-Plata	1,078	1,602	1,036	2,758	4,068	927	1,540	2,665	501	1,652
eloupe	13,666	14,214	11,060	14,767	12,774	6,542	6,619	7,819	5,284	7,649
nique	9,907	14,711	9,619	11,977	9,038	4,422	5,243	4,629	3,409	7,770
bon	7,888	19,611	13,395	12,737	9,234	12,342	8,007	13,655	9,041	12,273
gal	4,218	6,760	7,289	6,443	6,446	6,635	2,407	3,099	3,196	3,351
nne								1,745	2,841	4,842
-Pierre et Pêche										189

Nous laissons de côté quelques contrées telles que l'Autriche et l'Italie, pour lesquelles les expéditions sont complètement insignifiantes. Antérieurement à 1831, les publications de l'administration de la Douane ne distinguent pas les expéditions girondines de celles du reste de la France, quant à ce qui concerne Maurice, les Indes anglaises et hollandaises, Cayenne et la Pêche, et les envois pour la Belgique et la Hollande sont réunis.

VINS. PAYS DE DESTINATION.	1835	1836.	18	838.	1839.	1840.	1841.	1842.	1843.	1844.
	hectolitres.	hectolitres.	hecto	ctolitres.	hectolitres.	hectolitres.	hectolitres.	hectolitres.	hectolitres.	hectolitres.
ssie	26,080	23,696	13,	12,792	19,281	26,019	15,168	19,139	16,721	16,569
ède et Norwége	9,048	9,152	8,2	4,468	7,156	4,985	7,281	6,869	7,434	3,733
nemarck	8,229	9,867	6,1	7,283	5,908	10,260	10,570	6,941	6,983	5,668
sociation allemande	41,352	29,686	0,1	27,011	30,237	29,984	21,981	29,201	29,399	28,767
novre et Mecklembourg										
ys-Bas	79,915	45,046	3,1	34,197	33,110	56,832	51,404	47,675	25,279	40,818
lgique	35,606	38,293	5,0	38,903	36,405	44,892	51,332	42,419	54,120	45,514
lles Anséatiques	92,266	74,952	6,2	14,482	74,536	125,891	117,762	89,640	77,504	73,295
gleterre	10,531	12,102	1,91	13,532	12,202	14,375	13,404	13,032	11,644	17,740
gérie						242	29	2	2,065	493
te occidentale d'Afrique		47	11	242		306	427		66	
Maurice	15,236	22,755	1,71	23,170	18,938	39,604	32,312	33,254	39,152	45,420
les anglaises	5,163	6,134	139	2,919	3,678	3,264	3,228	5,349	3,293	3,050
I. hollandaises	614	1,765	993	2,642	1,038	266	1,016	1,463	2,180	3,221
I. françaises	707	922	139	823	754	1,575	658	951	576	676
ats-Unis	50,495	50,166	963	64,103	71,878	40,125	62,709	34,637	38,803	52.658
iti	3,920	1,848	1593	2,796	637	846	665	470		
yane anglaise		147	228		306	187	65	521	211	
ba et Puerto-Rico	12,912	14,733	1498	9,360	9,793	5,374	6,451	6,093	5,483	4,089
int-Thomas	1.818	1,409	1795	2,127	1,825	1,391	2,124	2,336	551	1,606
ésil	7,074	1.028	726	4,511	2,329	4,444	6,598	4,057	6,995	2,201
xique	4,226	3,925	883	3,090	2,047	2,748	4,227	2,921	5,681	2,130
nezuela et Nouvelle Grenade	451	879	595	847	724	1,896	1,688	2,259	1,742	1,212
rou	304	192	283	2,756	546		356	839	739	1,712
ili	3.792	5,380	352	5.402	5,437	6,003	3,856	11,724	11,736	8,610
o-de-la-Plata	3,230	2,912	385	5,833	3.222			1,919	1,993	1,510
uguay						8.157	11,513	39,233	23,797	13,037
adeloupe	9,516	7,096	519	10,967	5,009	10.656	13,094	6,897	7,169	9,723
rtinique	4,887	5,213	837	7,284	4,457	6,238	10,250	4,154	5,380	6,820
urbon	23,054	16,683	1250	14,098	8.534	16,363	28,068	26,716	17,264	26,605
négal	3,498	3,537	507	4,313	4,969	4,692	5,845	6,246	5,885	5,868
yenne	2,744	3,711	4,89	7,055	2,208	3,267	3,848	4,740	2,696	3,055
int-Pierre et Pêche	372	239	48	1,115	373	593	2,542	2,402	2,858	290

TABLE.

www.ingramcontent.com/pod-product-compliance
Lightning Source LLC
LaVergne TN
LVHW051109060726
842525LV00003B/846

9782019570118